西门子

S7-1200 PLC

编程与应用实例

张跟华 / 著

清华大学出版社

北 京

内 容 简 介

本书对西门子S7-1200 PLC的硬件和编程软件的功能进行详细讲解，内容包括PLC编程基础、博途TIA软件入门、指令介绍、PID控制器、变频器通信、伺服电机的控制，以及各种通信协议的使用等。书中内容配合精选示例进行讲解，示例包含软硬件配置清单、接线图和程序，且程序都来自实际工控现场。

本书还提供了核心内容的教学视频，读者扫描本书的二维码即可在移动设备上观看。

本书内容由浅入深，由基础到应用，理论联系工程实际，极具实用性，既适合初学者学习使用，也可供有一定基础的工程师借鉴和参考，还可作为高等院校自动化和机电专业的教材。

图书在版编目（CIP）数据

西门子S7-1200 PLC编程与应用实例/张跟华著. —北京：清华大学出版社，2023.10
ISBN 978-7-302-64804-8

Ⅰ. ①西… Ⅱ. ①张… Ⅲ. ①PLC技术—程序设计 Ⅳ. ①TM571.61

中国国家版本馆CIP数据核字（2023）第203516号

责任编辑：王金柱
封面设计：王　翔
责任校对：闫秀华
责任印制：沈　露
出版发行：清华大学出版社
　　　　　网　　　址：https://www.tup.com.cn，https://www.wqxuetang.com
　　　　　地　　　址：北京清华大学学研大厦A座　　　　　邮　　编：100084
　　　　　社 总 机：010-83470000　　　　　　　　　　邮　　购：010-62786544
　　　　　投稿与读者服务：010-62776969，c-service@tup.tsinghua.edu.cn
　　　　　质量反馈：010-62772015，zhiliang@tup.tsinghua.edu.cn
印 装 者：三河市龙大印装有限公司
经　　销：全国新华书店
开　　本：190mm×260mm　　　　　印　　张：18.5　　　　字　　数：499千字
版　　次：2023年11月第1版　　　　印　　次：2023年11月第1次印刷
定　　价：128.00元

产品编号：098405-01

前　言

西门子S7-1200是一款紧凑型、模块化的PLC，具有支持小型运动控制系统、过程控制系统的高级应用功能，可以完成简单逻辑控制、高级逻辑控制、HMI和网络通信等任务，是中小型自动化系统的完美解决方案。对于需要网络通信功能和单屏或多屏HMI的自动化系统，S7-1200 PLC易于设计和实施。

S7-1200 PLC上市多年，由于其成本低、运行稳定，在工业自动化控制领域得到了非常广泛的应用，尤其在各大高校实验室得到了普及，是市场占有率最大的PLC之一。

S7-1200 PLC集成了高速脉冲计数、PID、运动控制等功能，在中小型PLC控制系统中具有工程集成度高、实现简单的特点。同时借助西门子新一代框架结构的TIA博途软件，可以在同一开发环境下组态开发PLC、HMI和驱动系统等。统一的数据库使各个系统之间易于快速地进行互联互通，真正达到了控制系统的全集成自动化。本书深入浅出地介绍了在TIA博途V15SP1环境下如何组态和使用S7-1200 PLC的PROFINET、Modbus RTU、Modbus TCP通信，以及编程Web服务器、PID控制、高速计数、运动控制、轨迹追踪等。

为便于读者更轻松地掌握本书内容，本书还针对核心内容提供了教学视频，教学视频的内容另行编排，并不书中的章节完全对应，但初学者可以借助观看教学视频，提高学习效率，降低学习难度，从而达到快速上手之目的。

本书既适合新手快速入门，也可供有一定经验的工程师借鉴和参考，还可用作高等院校相关专业的教材。

希望读者通过阅读本书都能有所收益。如果你在阅读本书时遇到问题或有良好的建议请发邮件至：booksaga@126.com。

编　者
2023 年 8 月

本书视频教学

1 PLC 编程基础

本视频介绍 PLC 的工作原理、认识 S7-1200 PLC 的硬件、如何进行硬件选型，以及 PLC 的数据类。

2 TIA 编程方式介绍

本视频介绍 S7-1200 PLC 的 3 种编程方式：线性化编程、模块化编程、结构化编程。

3 TIA 编程软件介绍

本视频介绍博途 TIA 编程软件界面，包括面向任务的 Portal 视图和项目编辑界面的项目视图，以及项目树、菜单栏等。

4 基本位逻辑指令

本视频介绍博途 TIA 软件在梯形图编程过程中用到最多的位逻辑指令，包括常开触点、常闭触点、线圈、复位、置位等指令。

5 函数的使用

本视频介绍函数的功能，通过实例讲解如何创建函数。

6 函数块的使用

本视频通过实例介绍函数块的创建与使用。

7 组织块介绍

本视频介绍组织块的类型，以及在程序执行过程中组织块调用的优先级。

8 PLC 数据监控

本视频介绍 TIA 软件在线监控功能以及数据监控表和强制表的使用。

本书视频教学

9 分配列表的使用

本视频介绍博途 TIA 编程软件如何打开工程文件中的分配列表,以及分配列表的使用方法。

10 交叉引用的使用

本视频介绍变量交叉引用的应用场合,以及如何使用交叉应用查找变量。

11 数据存取

本视频介绍 PLC 的数据存储区有哪些、存储区内的数据如何输出,以及 PLC 的寻址方式。

12 新建项目

本视频介绍如何通过博途 TIA 软件创建一个完整的 PLC 工程,工程创建完成后如何实现将工程下载到 PLC 中。

目　录

第1章

PLC 编程基础

PLC 的英文全称为 Programmable Logic Controller，即可编程控制器。PLC 是一种数字运算的电子操作系统，它采用一种可编程的存储器，存储用户程序，执行定时、计数、逻辑运算、顺序控制以及算术运算等面向用户的指令，并通过数字或模拟式输入 / 输出控制各种类型的机械或生产过程。

本章主要介绍 PLC 的工作原理、西门子 S7-1200 PLC 硬件、S7-1200 PLC 中如何访问数据以及 PLC 的数据类型等内容。

1.1 PLC 概述

1.1.1 PLC 工作原理

PLC 的工作过程可分为三个阶段，分别是输入采样阶段、用户程序执行阶段和输出刷新阶段，完成这三个阶段称为一个扫描周期。在 PLC 运行期间，PLC 的 CPU 以一定的速度重复执行上述三个阶段。

1）输入采样阶段

PLC 以扫描方式按顺序依次读入所有输入端的信号，并将它们存入 IO 映像区中相应的单元内寄存起来。输入采样结束后，转入用户程序执行阶段，在这个阶段中，即使输入状态和数据发生变化，IO 映像区中相应单元的状态和数据也不会改变，输入状态的变化只能在下一个工作周期的输入采样阶段才会被重新读入。注意，如果输入是脉冲信号，则该脉冲信号的宽度必须大于一个扫描周期，才能保证在任何情况下所有的输入均能被读入。

2）用户程序执行阶段

在这一阶段 PLC 按顺序依次扫描用户程序。如果程序使用的是梯形图，则扫描是按从上到下、从左到右的顺序进行。在这一阶段中对由触点构成的控制线路进行逻辑运算，然后根据逻辑运算的结果刷新该逻辑线圈在系统 RAM 存储区中对应位的状态，或者刷新该输出线圈在 IO 映像区中对应位的状态，或者确定是否要执行该梯形图所规定的特殊功能指令。

3）输出刷新阶段

当扫描用户程序运行结束后，PLC 就进入输出刷新阶段。在此期间，CPU 按照 IO 映像区内对应的状态和数据刷新所有的输出锁存电路，再经过输出电路驱动相应的外部设备，这才是 PLC 的真正输出。因此，同样的若干条梯形图，其排列次序不同，执行的结果也不同。

1.1.2 西门子 S7-1200 PLC 介绍

SIMATIC S7-1200（简称 S7-1200）控制器结构紧凑、组态灵活、功能强大，可完成高级逻辑控制、HMI（Human Machine Interface，人机界面）和各种网络通信等任务，是中小型自动化系统的完美解决方案。对于需要进行网络通信和多屏显示的自动化系统，S7-1200 PLC 无疑是最佳选择。

S7-1200 CPU 将微处理器、集成电源、输入和输出电路、内置 PROFINET、高速运动控制 IO 以及板载模拟量输入组合到一个设计紧凑的外壳中来形成功能强大的控制器。S7-1200 PLC 支持小型运动控制系统、过程控制系统的高级应用功能，具有功能强大的指令集，这些特点的组合使它成为控制各种应用的完美解决方案。

CPU 根据用户程序逻辑监视输入并更改输出，用户程序可以包含布尔逻辑、计数、定时、复杂数学运算以及与其他智能设备的通信。CPU 提供一个 PROFINET 端口用于网络通信以及用户程序逻辑监视，用户可以监视布尔逻辑、定时器、计数器、数学运算、复杂逻辑控制等。还可以通过添加通信模块来实现 PROFIBUS、GPRS、RS485 或 RS232 等通信。

1.2 硬件介绍

1.2.1 模块概述

S7-1200 PLC 控制系统包括 CPU 模块、通信模块、信号板和信号模块，如图 1-1 所示。

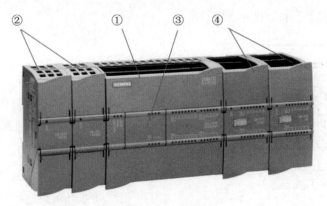

图 1-1　S7-1200 模块外观

说明：

① CPU（CPU 1211C、CPU 1212C、CPU 1214C、CPU 1215C、CPU 1217C）。

② 通信模块（CM）或通信处理器（CP）。

③ 信号板（SB）（数字 SB、模拟 SB）、通信板（CB）或电池板（BB）。

④ 信号模块（SM）（数字 SM、模拟 SM、热电偶 SM、RTD SM、工艺 SM）。

西门子 CPU 模块是一种超大规模集成电路，是计算和控制的核心，由控制单元、运算单元、存储单元等主要部分组成，它的基本任务是存储用户指令并执行输出。

通信模块是对 CPU 通信能力的扩展，用户可以配置不同的通信模块来完成多种通信任务，比如高速串行通信等。通信模块就像翻译器一样，把语言翻译成不同版本，在不同国家间建立交流。

信号板有两种，一种是扩展输入 / 输出模块，还有一种是扩展通信模块。信号板与通信模块和信号模块的功能一样，只是体积更小，不占空间，直接安装到 CPU 上，不影响控制器的实际大小。

信号模块是西门子为 CPU 设计的扩展模块，主要功能是增加输入和输出信号的数量，用户可以根据现场实际情况来控制设备数量，选配对应的信号模块。信号模块有不同的通道数量和功能，可以采集数字量、模拟量等。

1.2.2　CPU 模块功能

S7-1200 CPU 具有以下功能特点：

（1）有多种安全功能可用于保护 CPU 和对控制程序的访问。

（2）每个 CPU 都提供密码保护功能，用户可以通过该功能组态对 CPU 功能的访问权限。

（3）可以使用"专有技术保护"隐藏特定块中的代码。

（4）可以使用复制保护将程序绑定到特定存储卡或 CPU 中。

S7-1200 CPU 模块结构如图 1-2 所示。

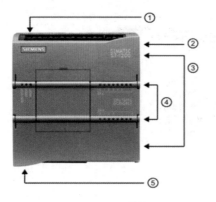

说明：

① 可拆卸用户接线连接器。

② 存储卡插槽（上部保护盖下面）。

③ IO 状态的 LED。

④ PROFINET 连接器。

⑤ 可拆卸电缆连接。

图 1-2　CPU 模块

1.2.3　CPU 选型

S7-1200 PLC 提供 5 种型号的 CPU，其技术规范如表 1-1 所示。

表1-1　S7-2.0 PLC各型号CPU的技术规范

CPU型号		CPU 1211C	CPU 1212C	CPU 1214C	CPU 1215C	CPU 1217C
物理尺寸（mm）		90×100×75	90×100×75	110×100×75	130×100×75	150×100×75
用户存储器 负载能力 数据保持性内存	工作内存	50KB	75KB	100KB	125KB	150KB
	1MB		4MB			
	1MB		4MB			
	10KB					
本地板载IO 模拟量	数字量	6路输入/ 4路输出	8路输入/ 6路输出	14路输入/10路输出		
	2路输入			2路输入/2路输出		
过程映像大小 输出（Q）	输入（I）	1024字节				
	1024字节					
位存储器（M）		4096字节		8192字节		
信号模块（SM）扩展		无	2	8		
信号板（SB）、电池板（BB） 或通信板（CB）		1				
通信模块（CM）（左侧扩展）		3				
高速计数器	总计	最多可组态6个内置或SB输入的高速计数器				
	1MHZ	--				Ib.2--Ib.5
	100/80kHZ	Ia.0--Ia.5				
	30/20kHZ	--	Ia.6 Ia.7	Ia.6--Ib.5		Ia.6--Ib.1
	200kHZ					
脉冲输出	总计	最多可组态4个内置或SB输出的脉冲输出				
	1MHZ	--				Qa.0--Qa.3
	100kHZ	Qa.0--Qa.3				Qa.4--Qb.1
	20kHZ	--	Qa.4 Qa.5		Qa.4--Qb.1	--

（续表）

CPU型号	CPU 1211C	CPU 1212C	CPU 1214C	CPU 1215C	CPU 1217C
存储卡	SIMATIC存储卡（可选）				
实时时钟保持时间	通常为20天，在高温（40℃）环境下最少可维持12天				
PROFINET端口	1			2	
实数数学运算执行速度	2.3us /指令				
布尔运算执行速度	0.08us /指令				

注：表中Ia.0--Ia.5表示高速计数器输入变量I的地址，例如I5.0--I5.5，其中，a表示数字0~9，最多6个。表中Qa.4--Qb.1表示脉冲输出变量Q的地址，例如Q1.4--Q2.1，其中a,b表示数字0~9，最多6个。

说明 对于具有继电器输出的 CPU 型号，必须安装数字量信号板（SB）才能使用脉冲输出。

　　每个 CPU 提供专用的 HMI 连接，支持最多 3 个 HMI 设备。支持的 HMI 总数受组态中 HMI 面板类型的影响。例如，可以将最多 3 个 SIMATIC 基本面板连接到 CPU，或者最多可以连接两个 SIMATIC 精智面板与一个附加基本面板。

　　不同的 CPU 型号提供了各种各样的特征和功能，这些特征和功能可帮助用户针对不同的应用创建有效的解决方案。

1.2.4　CPU 支持的块

　　不同型号的 CPU 支持的块、定时器和计数器不同。

　　S7-1200 PLC 各型号 CPU 支持的块如表 1-2 所示。

表1-2　S7-1200 PLC不同型号的CPU支持的块

元　素		说　明
块	类型	OB、FB、FC、DB
	大小	30KB（CPU 1211C）50KB（CPU 1212C）
		64KB（CPU 1214C和CPU 1215C）
	数量	一共多达1024个块（OB + FB + FC + DB）
	FB、FC和DB的地址范围	1~65535（例如FB 1~FB 65535）
	嵌套深度	16（从程序循环或启动OB开始）；4（从延时中断、日时钟中断、循环中断、硬件中断、时间错误中断或诊断错误中断OB开始）
	监视	可以同时监视2个代码块的状态
OB	程序循环	多个：OB 1、OB 200~OB 65535
	启动	多个：OB 100、OB 200~OB 65535
	延时中断和循环中断	41（每个事件1个）：OB 200~OB 65535
	硬件中断（沿和HSC）	50（每个事件1个）：OB 200~OB 65535
	时间错误中断	1个 OB 80
	诊断错误中断	1个 OB 82

　　什么是块呢？PLC 中存在两种程序，一种是 PLC 厂家固化在 PLC 内部的供 CPU 运行的系

统程序，另一种是用户自己编写的程序。而为了使所编写的程序的结构条理更加清晰和便于管理，就会用到各种程序块，我们将不同功能的程序写在不同的程序块中，当 PLC 开始运行时，CPU 就会按照程序需要运行的条件去调用相应的块来完成特定的任务，这就是块的功能。

S7-1200 CPU 中有组织块（OB）、函数块（又称功能块，FB）、函数（又称功能，FC）、数据块（DB）四种块，这四种块的功能和用法在第 5 章会有详细的介绍。

S7-1200 CPU 支持的定时器和计数器如表 1-3 所示。

表1-3 S7-1200 CPU支持的定时器和计数器

元　素		说　明
定时器	类型	IEC
	数量	仅受存储器大小限制
	存储	DB结构，每个定时器16字节
计数器	类型	IEC
	数量	仅受存储器大小限制
	存储	DB结构，大小取决于计数类型 • SINT和USINT：3字节。 • INT和UINT：6字节。 • DINT和UDINT：12字节

延时中断和循环中断在 CPU 中使用相同的资源。延时中断和循环中断的总和只能为 4 个，不能有 4 个延时中断和 4 个循环中断。

1.3 PLC 数据访问

1.3.1 数据存储

西门子 STEP 7 系列编程软件简化了符号编程，用户可以为数据地址创建符号名称，作为与存储器地址和 IO 点相关的 PLC 变量或在代码块中使用的局部变量。要在用户程序中使用这些变量，只需输入用户创建的符号名称即可实现调用。例如用户定义 I0.0 的符号名称为"启动"，那么在程序中只需输入"启动"就可以调用 I0.0。

CPU 提供了以下几种方式，用于在执行用户程序期间存储数据：

● 全局储存器：CPU 提供了各种专用存储区，其中包括输入（I）、输出（Q）和位存储器（M）。所有代码块可以无限制地访问该储存器。

● PLC 变量表：在 STEP7 PLC 变量表中，可以输入特定存储单元的符号名称。这些变量在 STEP 7 程序中为全局变量，并允许用户在应用程序中使用自定义名称进行命名。

● 数据块（DB）：可在用户程序中加入 DB 以存储代码块的数据。从相关代码块执行开始直到结束，存储的数据始终存在。全局 DB 存储所有代码块均可使用的数据，而背景 DB 存储特定 FB 的数据并且由 FB 的参数进行构造。

- 临时存储器：只要调用代码块，CPU 的操作系统就会分配要在执行块期间使用的临时或本地存储器（L）。代码块执行完成后，CPU 将重新分配本地存储器，以用于执行其他代码块。每个存储单元都有唯一的地址。用户程序利用这些地址访问存储单元中的信息。对输入或输出存储区（例如 I0.3 或 Q1.7）的引用会访问过程映像。要立即访问物理输入或输出，需在引用后面添加 ":P"（例如，I0.3:P、Q1.7:P 或 Stop:P）。

1.3.2　访问 PLC 中的数据

通常可在 PLC 变量（数据块）中创建变量，也可在 OB、FC 或 FB 顶部的接口中创建变量。这些变量包括名称、数据类型、偏移量和注释。另外，可以在数据块中指定起始值。在编程时，可以通过在指令参数中输入变量名称来使用这些变量，也可以选择在指令参数中输入绝对操作数（存储区、大小和偏移量）。程序编辑器会自动在绝对操作数前面插入 % 字符。以下各部分的实例介绍了如何输入绝对操作数。可以在程序编辑器中将视图切换到以下几种视图之一，即符号、符号和绝对，或绝对。

1 I（过程映像输入）

CPU 仅在每个扫描周期的循环 OB 执行之前对外围（物理）输入点进行采样，并将这些值写入输入过程映像。可以按位、字节、字或双字来访问输入过程映像。允许对过程映像输入进行读写访问，但过程映像输入通常为只读。I 存储器的绝对地址如表 1-4 所示。

表1-4　I存储器的绝对地址

位	I[字节地址].[位地址]	I0.1
字节、字或双字	I[大小][起始字节地址]	IB4、IW5或ID12

通过在地址后面添加 ":P"，可以立即读取 CPU、SB 或 SM 的数字和模拟输入。使用 I_:P 访问与使用 I 访问的区别是，前者直接从被访问点而非输入过程映像获得数据。这种 I_:P 访问称为"立即读"访问，因为数据是直接从源而非副本获取的，这里的副本是指在上次更新输入过程映像时建立的副本。

因为物理输入点直接从与它连接的现场设备中接收值，所以不允许对这些点进行写访问，即与可读或可写的 I 访问不同的是，I_:P 访问是只读访问。

I_:P 访问也仅限于单个 CPU、SB 或 SM 所支持的输入大小（向上取整到最接近的字节）。例如，如果 2 DI/2 DQ SB 的输入被组态为从 I4.0 开始，则可按 I4.0:P 和 I4.1:P 形式或者按 IB4:P 形式访问输入点；不会拒绝 I4.2:P ～ I4.7:P 的访问形式，但没有任何意义，因为这些点未使用；但不允许 IW4:P 和 ID4:P 的访问形式，因为它们超出了与该 SB 相关的字节偏移量。

使用 I_:P 访问不会影响存储在输入过程映像中的相应值。I:P 存储器的绝对地址如表 1-5 所示。

表1-5 I:P存储器的绝对地址（立即）

位	I[字节地址].[位地址]:P	I0.1:P
字节、字或双字	I[大小][起始字节地址]:P	IB4:P、IW5:P或ID12:P

2 Q（过程映像输出）

CPU 将存储在输出过程映像中的值复制到物理输出点。可以按位、字节、字或双字访问输出过程映像。过程映像输出允许读访问和写访问。Q 存储器的绝对地址如表 1-6 所示。

表1-6 Q存储器的绝对地址

位	Q[字节地址].[位地址]	Q1.1
字节、字或双字	Q[大小][起始字节地址]	QB5、QW10、QD40

通过在地址后面添加":P"，可以立即写入 CPU、SB 或 SM 的物理数字和模拟输出。使用 Q_:P 访问与使用 Q 访问的区别是，前者除了将数据写入输出过程映像外还直接将数据写入被访问点（写入两个位置）。这种 Q_:P 访问有时称为"立即写"访问，因为数据是被直接发送到目标点的，而目标点不必等待输出过程映像的下一次更新。

因为物理输出点直接控制与它连接的现场设备，所以不允许对这些点进行读访问。即与可读或可写的 Q 访问不同的是，Q_:P 访问为只写访问。

Q_:P 访问也仅限于单个 CPU、SB 或 SM 所支持的输出大小（向上取整到最接近的字节）。例如，如果 2 DI/2 DQ SB 的输出被组态为从 Q4.0 开始，则可按 Q4.0:P 和 Q4.1:P 形式或者按 QB4:P 形式访问输出点；不会拒绝 Q4.2:P ～ Q4.7:P 的访问形式，但没有任何意义，因为这些点未使用；但不允许 QW4:P 和 QD4:P 的访问形式，因为它们超出了与该 SB 相关的字节偏移量。

> 🎮➕ 说明 指定绝对地址时，STEP 7 会为此地址加上"%"字符前缀，以指示它为绝对地址。编程时，可以输入带或不带"%"字符的绝对地址（例如 %I0.0 或 I.0）。如果忽略，则 STEP 7 将自动加上"%"字符。

使用 Q_:P 访问既影响物理输出，也影响存储在输出过程映像中的相应值。Q_:P 存储器的绝对地址如表 1-7 所示。

表1-7 Q_:P存储器的绝对地址（立即）

位	Q[字节地址].[位地址]:P	Q1.1:P
字节、字或双字	Q[大小][起始字节地址]:P	QB5:P、QW10:P或QD40:P

3 M（位存储区）

针对控制继电器及数据的位存储区（M 存储器）用于存储操作的中间状态或其他控制信息。可以按位、字节、字或双字访问 M 存储区。M 存储器允许读访问和写访问。M 寄存器的绝对地址如表 1-8 所示。

表1-8　M存储器的绝对地址

位	M[字节地址].[位地址]	M26.7
字节、字或双字	M[大小][起始字节地址]	MB20、MW30、MD50

表1-8　M存储器的绝对地址

CPU 在代码块启动（对于 OB）或被调用（对于 FC 或 FB）时为它分配临时存储器。为代码块分配临时存储器时，可能会重复使用其他 OB、FC 或 FB 先前使用的相同的临时存储单元。CPU 在分配临时存储器时不会对它进行初始化，因而临时存储器可能包含任何值。

临时存储器与 M 存储器类似，但有一个主要的区别：M 存储器在"全局"范围内有效，而临时存储器在"局部"范围内有效。

- M 存储器：任何 OB、FC 或 FB 都可以访问 M 存储器中的数据，也就是说这些数据可以全局性地用于用户程序中的所有元素。
- 临时存储器：只有创建或声明了临时存储单元的 OB、FC 或 FB 才可以访问临时存储器中的数据。临时存储单元是局部有效的，并且不会被其他代码块共享，即使在代码块调用其他代码块时也是如此。例如，当 OB 调用 FC 时，FC 无法访问对它进行调用的 OB 的临时存储器。

CPU 为三个优先级组 OB 中的每一个都提供了临时（本地）存储器，分别是：

- 高优先级组的临时存储器大小为 16 KB，用于启动和循环程序（包括相关的 FB 和 FC）。
- 中优先级组的临时存储器大小为 4 KB，用于标准中断事件（包括 FB 和 FC）。
- 低优先级组的临时存储器大小为 4 KB，用于错误中断事件（包括 FB 和 FC），只能通过符号寻址的方式访问该临时存储器。

4　DB（数据块）

DB 存储器用于存储各种类型的数据，其中包括操作的中间状态或 FB 的其他控制信息参数，以及许多指令（如定时器和计数器）所需的数据结构。可以按位、字节、字或双字访问数据块存储器。读 / 写数据块允许读访问和写访问，只读数据块只允许读访问。DB 存储器的绝对地址如表 1-9 所示。

表1-9　DB存储器的绝对地址

位	DB[数据块编号].DBX[字节地址].[位地址]	DB1.DBX2.3
字节、字或双字	DB[数据块编号].DB [大小][起始字节 地址]	DB1.DBB4、DB10.DBW2、DB20.DBD8

1.3.3　组态 IO

在组态画面中添加 CPU 和 IO 模块时，系统会自动分配 I 地址和 Q 地址。通过在组态画面中选择地址域并键入新编号，可以更改默认寻址设置，如图 1-3 所示。

无论模块是否使用所有的点，都按 8 点 / 组（1 字节）的方式分配数字量的输入和输出。模拟输入和输出按每组 2 点（4 字节）的方式进行分配。

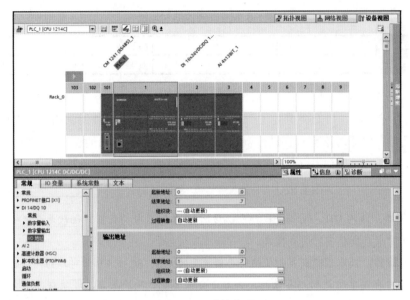

图 1-3 IQ 地址分配

模拟量信号模块可以提供输入信号，或等待表示电压范围或电流范围的输出值。这些范围是 ±10V、±5V、±2.5V 或 0 ～ 20mA。模块返回的值是整数值，其中，0 ～ 27648 表示电流的额定范围，-27648 ～ 27648 表示电压的额定范围。任何该范围之外的值即表示上溢或下溢。

在控制程序中，很可能需要以工程单位使用这些值，例如体积、温度、重量或其他数量值。要以工程单位使用模拟量输入，首先必须将模拟值标准化为 0.0 ～ 1.0 的实数（浮点）值，然后，将它标定为表示的工程单位的最小值和最大值。对于要转换为以工程单位表示的模拟量输出值，应首先将以工程单位表示的值标准化为 0.0 ～ 1.0 的值，然后将它标定为 0 ～ 27648 之间或 -27648 ～ 27648（取决于模拟模块的范围）的值。STEP 7 为此提供了 NORM_X 和 SCALE_X 指令，还可以使用 CALCULATE 指令来标定模拟值。

1.4　数据类型介绍

数据类型用于指定数据元素的大小以及解释数据。每个指令参数至少支持一种数据类型，而有些参数支持多种数据类型。将光标停留在指令的参数域上方，便可看到给定参数所支持的数据类型。

指令参数分形参和实参两种。形参指的是指令上标记该指令要使用的数据位置的标识符（例如 MOVE 指令 IN 输入）。实参指的是包含指令要使用的数据的存储单元（含 "%" 字符前缀）或常量（例如，%MW10）。用户指定的实参的数据类型必须与指令指定的形参所支持的数据类型匹配，否则会报错。

指定实参时，必须指定变量或者存储器地址。变量将符号名（变量名）与数据类型、存储区、存储器偏移量和注释关联在一起，并且可以在 PLC 变量编辑器或块（OB、FC、FB 和 DB）的接口编辑器中进行创建。如果输入一个没有关联变量的绝对地址，那么使用的地址大小必须与所支持的数据类型相匹配，而默认变量将在输入时创建。

除 String（字符串类型）外，所有数据类型都可在 PLC 变量编辑器和块接口编辑器中使用，String 只能在块接口编辑器中使用。此外，还可以为许多输入参数输入常数值。

1.4.1 基本数据类型

基本数据类型包括位、位序列、整数、浮点数、字符串、日期和时间。

1 位和位序列

位和位序列如表 1-10 所示。

表1-10 位和位序列

位、位序列数据类型	位 大 小	数值类型	数值范围	常数实例	地址示例
Bool（布式型）	1	布尔运算	FALSE或TRUE	TRUE	I0.6
		二进制	2#0或2#1	2#0	Q1.0
		无符号整数	0或1	1	M50.5
		八进制	8#0或8#1	8#1	DB1.DBX2.3
		十六进制	16#0或16#1	16#1	Tag_name
Byte（字节型）	8	二进制	2#0～2#1111_1111	2#1001_1100	
		无符号整数	0～255	13	IB2
		有符号整数	−128～127	−55	MB10
		八进制	8#0～8#377	8#17	DB1.DBB4
		十六进制	B#16#0～B#16#FF或16#0～16#FF	B#16#F 16#F	Tag_name
Word（字型）	16	二进制	2#0～2#1111_1111_1111_1111	2#1001_1000_0001_1011	
		无符号整数	0～65535	62032	MW10
		有符号整数	−32768～32767	−200	DB1.DBW2
		八进制	8#0～8#177_777	8#132_167	Tag_name
		十六进制	W#16#0～W#16#FFFF或16#0～16#FFFF	W#16#F0F0 16#1FF9	
Dword（双字型）	32	二进制	2#0～2#1111_1111_1111_1111_1111_1111_1111_1111	2#1001_1000_1100_1111_0001_1011_0000_1100	
		无符号整数	0～4294967295	42333333	MD10
		有符号整数	−2147483648～2147483647	−199999	DB1.DBD3
		八进制	8#0～8#37_777_777_777	8#132_167_326	Tag_name
		十六进制	DW#16#0000_0000～DW#16#FFFF_FFFF或16#0000_0000～16#FFFF_FFFF	DW#16#2A_F0F0 16#B_01F6	

2 整数数据类型

整数数据类型有六种，分别是无符号短整数类型（USINT）、有符号短整数类型（SINT）、无符号整数类型（UINT）、整数类型（INT）、无符号双整数类型（UDINT）和双整数类型（DINT）。这些数据类型的位大小和数值范围都不同，如表 1-11 所示。

表1-11 整数数据类型

数据类型	位 大 小	数值范围	常数示例	地址示例
USINT（无符号短整数类型）	8	0～255	78或2#01001110	MB0 DB1.DBB1 Tag_name
SINT（有符号短整数类型）	8	−128～127	50或16#60	
UINT（无符号整数类型）	16	0～65535	53300	MW3 DB1.DBW3 Tag_name
INT（整数类型）	16	−32768～32767	−300	
UDINT（无符号双整数类型）	32	0～4 294 967 295	42990	MD6 DB1.DBD6 Tag_name
DINT（双整数类型）	32	−2 147 483 648～2 147 483 647	−21648	

3 浮点数数据类型

实数（或浮点数）可以用 32 位单精度数"REAL"或 64 位双精度数"LREAL"表示。单精度浮点数的精度最高为 6 位有效数字，而双精度浮点数的精度最高为 15 位有效数字。

浮点数数据类型如表 1-12 所示。

表1-12 浮点数数据类型

数据类型	位 大 小	数值范围	常数示例	地址示例
REAL	32	−3.402823e+38～−1.175495e−38、±0、+1.175 495e−38～+3.402823e+38	123.456、−3.4、1.0e−5	MD100、DB1.DBD8、Tag_name
LREAL	64	−1.7976931348623158e+308～−2.2250738585072014e−308、±0、+2.2250738585072014e−308～+1.7976931348623158e+308	12345.123456789e40、1.2E+40	DB_name.var_name 规则： • 不支持直接寻址。 • 可在OB、FB或FC块接口数组中进行分配

4 字符串数据类型

在西门子 S7-1200 PLC 中，字符串作为复杂数据类型中的一种，是以字节为单位进行存储的，字符串复杂数据类型就由多个字节组成。字符串的存储格式分为 3 部分：第一部分是字符串最大长度，第二部分是字符串的实际长度，第三部分是字符串中的字符。

存储的逻辑过程：第一个地址用于存放字符串的最大字符个数，第二个地址用于存储字符串中实际的字符格式，第三个地址用于存储字符串的第一个字节，第四个地址用于存储字符串中的第二个字节，后面以此类推。在实际运用中，一般会定义字符串的长度，比如定义一个 STRING 的数据类型 STRINGData[16]，它就是表示字符串的最大字符长度是 16 个字符。如果没有定义字符串的长度，那么默认值就是 254 字节。字符串数据类型如表 1-13 所示。

表1-13　字符串数据类型

总字符数	当前字符数	字符1	字符2	字符3	...	字符10
10	3	'C'（16#43）	'A'（16#41）	'T'（16#54）	...	—
字节0	字节1	字节2	字节3	字节4	...	字节11

5 时间和日期数据类型

时间和日期数据类型有三种，分别是 TIME、DATE（日期）和 TOD。

- TIME 数据作为有符号双整数存储，基本单位为毫秒。存储的数值是多少，就代表有多少毫秒。编辑时可以选择性地使用日期（d）、小时（h）、分钟（m）、秒（s）和毫秒（ms）作为单位。不需要指定全部时间单位，例如，T#5h10s 和 500h 均有效。所有指定单位值的组合值不能超过以毫秒表示的时间日期类型的上限或下限（−2 147 483 648ms ～ +2 147 483 647ms）。

- DATE 数据作为无符号整数值存储，被解释为添加到基础日期 1990 年 1 月 1 日的天数，用以获取指定日期。编辑器格式必须指定年、月和日。

- TOD（Time_of_day）数据作为无符号双整数值存储，被解释为自指定日期的凌晨算起的毫秒数（凌晨 =0ms）。必须指定小时（24 小时 / 天）、分钟和秒。可以选择性地指定小数秒格式。

时间和日期数据类型如表 1-14 所示。

表1-14　时间和日期数据类型

数据类型	大　小	范　围	常量输入示例
TIME	32位	T#−24d_20h_31m_23s_648ms～ T#24d_20h_31m_23s_647ms 存储形式：−2 147 438 648ms～ +2 147 183 647ms	T#5m_30s T#1d_2h_15m30s_45ms TIME#10d20h30m20s630ms 500h10000ms 10d20h30m20s630ms
DATE	16位	D#1990-1-1～D#2168-12-31	D#2009-12-31 DATE#2009-12-31 2009-12-31
TOD	32位	TOD#0:0:0.0～TOD#23:59:59.999	TOD#10:20:30.400 TIME_OF_DAY#10:20:30.400 23:10:1

1.4.2　结构数据类型（Struct）

Struct 类型是一种由多个不同数据类型元素组成的数据结构，其元素可以是基本数据类型，也可以是 Struct、数组等复杂数据类型以及 PLC 数据类型（UDT）等。Struct 类型嵌套 Struct 类型的深度限制为 8 级。Struct 类型的变量在程序中可作为一个变量整体，也可单独使用组成该 Struct 的元素。Struct 类型可以在 DB 块、OB/FC/FB 接口区、PLC 数据类型（UDT）处定义。

Struct 数据类型的使用非常灵活，随时可以使用，但是相对于 PLC 数据类型（UDT）有以下缺点，因此建议需要使用 Struct 类型时，可以使用 PLC 数据类型（UDT）代替。

（1）维护成本增加，如果对一个 Struct 进行了多次复制，那么在更改过程中该 Struct 也必须进行相应的多次更改。

（2）Struct 与 PLC 数据类型（UDT）的相同结构不兼容。

（3）由于系统会检查所有结构元素的类型是否匹配，因而会导致性能下降。

（4）存储空间要求增加，每个 Struct 都是一个单独的对象，其描述信息将加载到 PLC 中。

应用示例

单独使用组成 Struct 的元素时，它和普通的变量没有区别，只是每出现一个 Struct 的嵌套层级，变量名就增加一个前缀，如图 1-4 所示。

DB5

名称	数据类型	起始值
▼ Static		
Static_1	Bool	false
▼ Static_2	Struct	
▼ Static_1	Struct	
Static_1	Bool	false
Static_2	Int	0

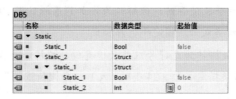

图 1-4 Struct 的定义

Struct 在程序中的使用如图 1-5 所示。

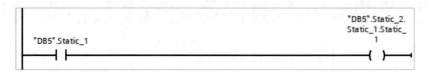

图 1-5 Struct 的使用

Struct 可以将同一种类型的变量放在一起，利于区分，如图 1-6 所示。

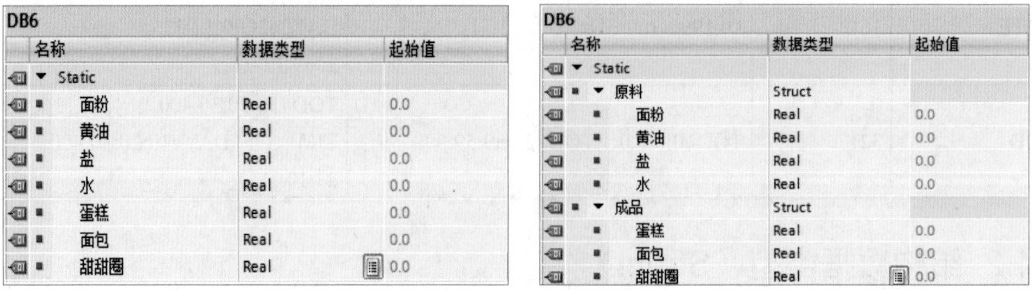

DB6

名称	数据类型	起始值
▼ Static		
面粉	Real	0.0
黄油	Real	0.0
盐	Real	0.0
水	Real	0.0
蛋糕	Real	0.0
面包	Real	0.0
甜甜圈	Real	0.0

DB6

名称	数据类型	起始值
▼ Static		
▼ 原料	Struct	
面粉	Real	0.0
黄油	Real	0.0
盐	Real	0.0
水	Real	0.0
▼ 成品	Struct	
蛋糕	Real	0.0
面包	Real	0.0
甜甜圈	Real	0.0

图 1-6 增加 Struct 类型的结构

1.4.3 PLC 数据类型（UDT）

UDT 类型是一种由多个不同数据类型元素组成的数据结构，元素可以是基本数据类型，也可以是 Struct、数组等复杂数据类型以及其他 UDT 等。UDT 类型嵌套 UDT 类型的深度限制为 8 级。

UDT 类型可以在 DB 块、OB/FC/FB 接口区处使用。从 TIA 博途 V13SP1、S7-1200 V4.0 开始，PLC 变量表中的 I 和 Q 也可以使用 UDT 类型。

UDT 类型可在程序中统一更改和重复使用，一旦某 UDT 类型发生修改，则执行软件全部编译后，并自动更新所有使用该数据类型的变量。

定义为 UDT 类型的变量在程序中可作为一个变量整体使用，也可单独使用组成该变量的元素。此外还可以在新建 DB 块时直接创建 UDT 类型的 DB，该 DB 只包含一个 UDT 类型的变量。

UDT 类型作为整体使用时，可以与 Variant、DB_ANY 类型及相关指令默契配合。理论上来说，UDT 是 Struct 类型的升级替代，功能基本完全兼容 Struct 类型。

下面我们来看看在博途编程软件中创建和使用 UDT 的方法。

（1）新建 UDT。在 CPU 菜单中依次单击"PLC 数据类型"→"添加新数据类型"选项，添加"用户数据类型 _1"，如图 1-7 所示。

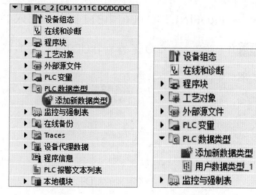

图 1-7　新建 UDT

（2）在弹出的"用户数据类型 _1"页面中可以添加需要的变量、类型、起始值、注释等，如图 1-8 所示。

图 1-8　定义 UDT 内的变量

（3）右击"用户数据类型"，在弹出的快捷菜单中选择"属性"→"常规"，在"常规"界面中可以修改该数据类型的名称，如图 1-9 所示。

图 1-9　修改 UDT 名称

（4）创建好的 UDT 可以直接在 DB 块中调用，如图 1-10 所示。

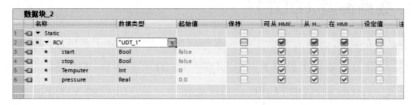

图 1-10 DB 块中调用 UDT

选择数据类型 UDT_1，则上面创建好的变量就直接调用到数据块中了。

（5）UDT 在变量表中的应用。

应用示例

将 PROFINET IO 通信中的 I 区数据存入 DB 块中，将 DB 块中的数据再传给 Q 区。

步骤 01 新建 I 区和 Q 区的两个 UDT，如图 1-11 和图 1-12 所示。

图 1-11 I 区定义的 UDT　　　　　　　图 1-12 Q 区定义的 UDT

步骤 02 PLC 变量表定义变量类型，如图 1-13 所示。

步骤 03 DB 块中定义变量类型，如图 1-14 所示。

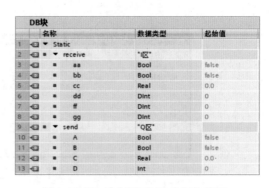

图 1-13 PLC 变量表中调用已定义好的 UDT　　　　　图 1-14 DB 块中调用已定义好的 UDT

步骤 04 通过 MOVE 指令完成数据的传输，如图 1-15 所示。

图 1-15 数据传送程序

1.4.4　数组数据类型（ARRAY）

1 ARRAY 类型的定义及注意事项

ARRAY 类型是由数目固定且数据类型相同的元素组成的数据结构。ARRAY 类型的定义和使用需要注意以下几点：

（1）ARRAY 类型可以在 DB 块、OB/FC/FB 接口区、PLC 数据类型处定义。无法在 PLC 变量表中定义。

（2）无法在 PLC 变量表中定义。

数组定义的格式如下：

Array[维度 1 下限 .. 维度 1 上限 , 维度 2 下限 ... 维度 2 上限 ,...]of < 数据类型 >

最多可包含 6 个维度。

（3）数组元素的数据类型包括除数组类型、Variant 类型以外的所有类型；数组下标的数据类型为整数，下限值必须小于或等于上限值，上下限的限值在 S7-1200 V3.0 及其以前为 INT 范围（−32768 ～ +32767），在 S7-1200 V4.0 及其以后为 DINT 范围（−2147483648 ～ +21474836487），可以使用局部常量或全局常量定义上下限值，数组的元素个数受 DB 块剩余空间大小以及单个元素大小的限制。

从 S7-1200 V2.0 开始，下标可以是常数、常量，也可以变量，还可以混合使用（多维数组），如果编程语言是 SCL 的话，下标还可以是表达式。使用数组的变量下标，可以在程序中很容易地实现间接寻址。注意，下标变量必须是符号名，不能是 DB1.DBW0 这种没有对应符号名的绝对地址。

（4）从 S7-1200 V4.2 开始，FC 的 Input/Output/InOut 以及 FB 的 InOut 可以定义形如 Array[*] 的变长数组，要求必须是优化 FC/FB 块，在调用 FC/FB 的实参中可以填写任意数据类型相同的数组变量；当然，也可以是多维变长的数组，例如 Array[*,*]of Int。

（5）数组可以使用单个数组元素（例如 "DB1".Static_1[1]），也可以使用整个数组（例如 "DB1".Static_1）。多维数组可以降维使用，例如三维数组 3D[0..2,0..3,0..4]of Int 是一个 3×4×5 大小的 INT 数组，3D[0] 是一个 4×5 大小的二维 INT 数组，3D[0,1] 是一个 5 个元素的一维 INT 数组，当然多维数组下标也可以换成变量，例如 3D[Tag_1,1]。

（6）从 S7-1200 V4.2 开始，多重背景支持数组形式，即 Array of FB，这样可以在 FB 中使用循环指令更方便地编写程序。不支持 Array[*] of FB。

> **注意** 在 TIA 博途 V10.5 SP2、S7-1200 V1.0 的时候，曾经引入 FieldRead 和 FieldWrite 指令用于数组下标的变址寻址，这种方法在 TIA 博途 V11 之后可以由下标变量完全取代，并且更为简化，所以该指令也只是位于"移动操作"→"原有"中，用于早期版本向上移植时使用，它的使用方法参见编程软件帮助。

S7-1200 数组的基本使用如下：

（1）在 DB 中创建数组，如图 1-16 所示。

（2）在 FC 的 InOut 中创建数组变量，如图 1-17 所示。

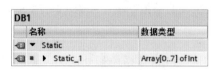

图 1-16 在 DB 中创建数组

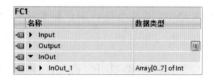

图 1-17 在 FC 中创建数组变量

（3）在 FC 中使用数组元素（使用形参），如图 1-18 所示。

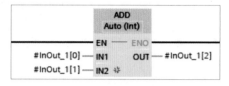

图 1-18 FC 中调用数组

2 实例编程

创建数组，实现以下功能：将 0～7 这 8 个数字传入创建的数组中。

步骤 01 创建数据块，添加数组变量，如图 1-19 所示。

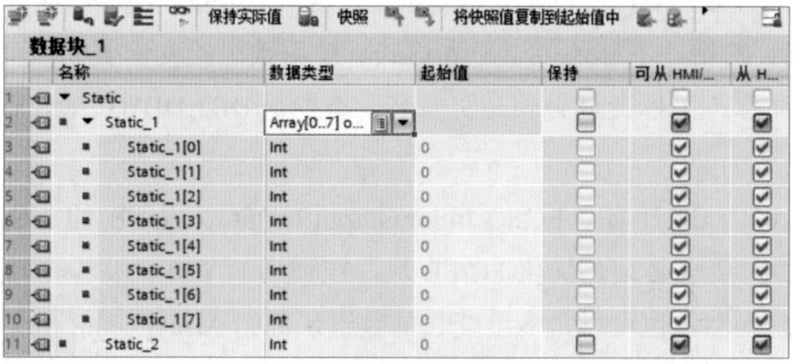

图 1-19 添加变量

步骤 02 编程，程序段如图 1-20～图 1-22 所示。

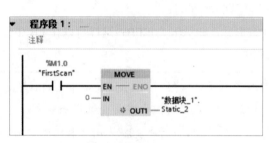

图 1-20 程序段 1

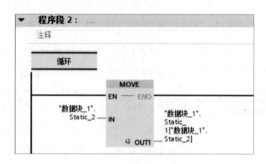

图 1-21 程序段 2

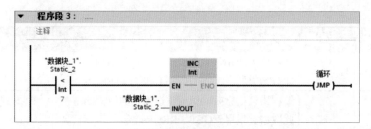

图 1-22　程序段 3

步骤 03　开启仿真，查看程序运行结果，如图 1-23 所示。

项目1 ▸ PLC_1 [CPU 1214C DC/DC/DC] ▸ 监控与强制表 ▸ 监控表_1

	i	名称	地址	显示格式	监视值
1		"数据块_1".Static_2		带符号十进制	7
2		"数据块_1".Static_1[0]		带符号十进制	0
3		"数据块_1".Static_1[1]		带符号十进制	1
4		"数据块_1".Static_1[2]		带符号十进制	2
5		"数据块_1".Static_1[3]		带符号十进制	3
6		"数据块_1".Static_1[4]		带符号十进制	4
7		"数据块_1".Static_1[5]		带符号十进制	5
8		"数据块_1".Static_1[6]		带符号十进制	6
9		"数据块_1".Static_1[7]		带符号十进制	7

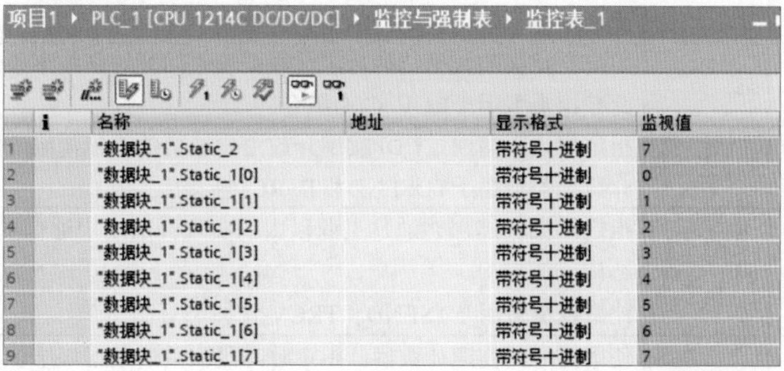

图 1-23　数据监控

1.4.5　系统数据类型（SDT）

系统数据类型是由系统提供的具有预定义的结构，结构由固定数目的具有各种数据类型的元素构成，不能更改该结构。系统数据类型只能用于特定指令。可以在 DB 块、OB/FC/FB 接口区使用。

常见的系统数据类型如表 1-15 所示。

表1-15　常见的系统数据类型

系统数据类型	字节长度	说　明
IEC_TIMER	16	定时器结构。此数据类型用于TP、TOF、TON、TONR、RT和PT指令
IEC_SCOUNTER	3	计数值为SINT数据类型的计数器结构。 此数据类型用于CTU（加计数器）、CTD（减计数器）和CTUD（加减计数器）指令
IEC_USCOUNTER	3	计数值为USINT数据类型的计数器结构。 此数据类型用于CTU、CTD和CTUD指令
IEC_COUNTER	6	计数值为INT数据类型的计数器结构。 此数据类型用于CTU、CTD和CTUD指令
IEC_UCOUNTER	6	计数值为UINT数据类型的计数器结构。 此数据类型用于CTU、CTD和CTUD指令
IEC_DCOUNTER	12	计数值为DINT数据类型的计数器结构。 此数据类型用于CTU、CTD和CTUD指令

（续表）

系统数据类型	字节长度	说　明
IEC_UDCOUNTER	12	计数值为UDINT数据类型的计数器结构。 此数据类型用于CTU、CTD和CTUD指令
ERROR_STRUCT	28	编程错误信息或IO访问错误信息的结构 此数据类型用于GET_ERROR指令
CREF	8	数据类型ERROR_STRUCT的组成，在其中保存有关块地址的信息
NREF	8	数据类型ERROR_STRUCT的组成，在其中保存有关操作数的信息
VREF	12	用于存储VARIANT指针 此数据类型用在运动控制工艺对象块中
CONDITIONS	52	用户自定义的数据结构，定义数据接收的开始和结束条件。 此数据类型用于RCV_CFG指令
NREF	8	指定用来存储通过UDP实现开放用户通信的连接说明的数据块结构。 此数据类型用于TUSEND和TURCV指令
TCON_Param	64	指定用来存储那些通过工业以太网实现开放用户通信的连接说明的数据块结构。 此数据类型用于TSEND和TRCV指令
HSC_Period	12	使用扩展的高速计数器，指定时间段测量的数据块结构。 此数据类型用于CTRL_HSC_EXT指令

　　表中的部分数据类型还可以在新建 DB 块时直接创建系统数据类型的 DB，通过这种方法建立出的 DB 块可以配合 DB_ANY 类型使用。

　　此外通过以下方式也可以实现建立系统数据类型 DB：

　　（1）定时器计数器自动生成的背景 DB。

　　（2）计数器自动生成的背景 DB。

　　（3）开放式用户通信程序建立的基于 TCON_IP_V4（无法通过添加新块的方式创建）、TADDR_Param、TCON_Param 的 DB 块。

　　根据 SDT 定义 DB 块如图 1-24 所示。

图 1-24　建立 SDT 类型的 DB

1.4.6　参数数据类型（Variant）

　　Variant 类型是一个参数数据类型，只能出现在除 FB 的静态变量以外的 OB/FC/FB 接口区。

Variant 类型的实参是一个可以指向不同数据类型变量的指针，它既可以指向基本数据类型，也可以指向复杂数据类型、UDT 等。Variant 数据类型的操作数不占用背景数据块或工作存储器中的空间，但是将占用 CPU 上的装载存储器的存储空间。调用某个块时，可以将该块的 Variant 参数连接任何数据类型的变量（除了传递变量的指针外，Variant 还会传递变量的类型信息）。在调用的块中可以利用 Variant 的相关指令，将它识别出并进行处理。

Variant 指向的实参可以是符号寻址，也可以是绝对地址寻址，还可以是形如 P#DB1. DBX0.0 BYTE 10 这种指针形式的寻址。

P# 指针说明：当 Variant 类型的实参指向形如 P#DB1.DBX0.0 BYTE 10 的指针时，指令内部将判定该形参为一个 10 字节的数组。P#DB1.DBX0.0 BYTE 10 这种结构起源于 S7-300/S7-400 的 Any 指针，S7-1200 无法像 S7-300/S7-400 一样定义以及拆解 Any 指针，但是在参数类型为 Variant 时，可以输入这种指针，并且如前所述，S7-1200 将识别它为数组。

P#DB1.DBX0.0 BYTE 10 的解释：

（1）指向从 DB1.DBX0.0 开始的 10 字节，并且 DB1 必须是非优化的 DB 块，并包含有 10 字节长度的变量。

（2）P#DB1.DBX 位置可以替换成其他 DB 块号，例如 P#DB10.DBX，或者 I 区 P#I、Q 区 P#Q、M 区 P#M。

（3）0.0 的位置为这种指针的起始地址，例如 1.0，100.0，…，并且小数点后一定是 0。

（4）BYTE 位置可以是以下类型：BOOL、BYTE、WORD、DWORD、INT、DINT、REAL、CHAR、DATE、TOD、TIME 类型。

（5）10 的位置为指针执行前面数据类型的个数，BOOL 类型比较特殊，只能是 1 或者 8 的倍数。P# 指针举例：P#I0.0 Bool 8，P#Q0.0 Word 20，P#M100.0 Int 50。

在早期版本的 TIA 博途软件中，只有一些通信指令使用 Variant 变量。从 TIA V13SP1 和 S7-1200 V4.0 开始，可以在程序块实参中定义 Variant 类型变量，并且还可以通过以下指令处理 Variant 类型的变量。

（1）判断类指令（见表 1-16），该类指令的作用是检查 Variant 类型的实参的实际类型，并不直接参与处理。

表1-16 判断类指令

LAD（梯形图）	SCL（结构化语言）	位　置
EQ_Type	TypeOf	
NE_Type		
EQ_ElemType	TypeOfElements	基本指令→比较操作→变量
NE_ElemType		
IS_NULL		
NOT_NULL		
IS_ARRAY	IS_ARRAY	
CountOfElements	CountOfElements	基本指令→移动操作→变量

（2）处理类指令（见表 1-17），该类指令可以对 Variant 类型的实参进行转化。

表1-17 处理类指令

LAD/SCL	位　置
Deserialize	基本指令→移动操作
Serialize	
MOVE_BLK_VARIANT	
VariantGet	基本指令→移动操作→变量
VariantPut	

（3）其他指令：DB_ANY_TO_VARIANT 与 VARIANT_TO_DB_ANY。

DB_ANY_TO_VARIANT 指令可以将 DB_ANY 转换为 Variant，从符合要求的数据块中生成 Variant 变量。IN 参数的操作数可以使用数据类型 DB_ANY，在创建程序时不需要知道数据块，将在运行时读取数据块编号。

VARIANT_TO_DB_ANY 指令可以将 Variant 转换为 DB_ANY。输入 IN 端的参数可以是背景数据块或 ARRAY 数据块。IN 参数的操作数可以是数据类型 Variant，在创建程序时不需要知道将被查询编号的数据块的数据类型。在运行期间将会读取数据块编号，并将它写入 RET_VAL 参数指定的操作数中。

1.4.7 日期和时间数据类型（DTL）

1 DTL 概述

日期和时间数据类型 DTL 的操作数长度为 12 字节，用于存储日期和时间信息。

表 1-18 列出了 DTL 数据类型的属性。

表1-18 日期和时间数据类型

长　度	格　式	值 范 围	输入值示例
12	日期和时间 （年-月-日-小时-分钟-秒-纳秒）	最小值：DTL#1970-01-01-00:00:00.0 最大值：DTL#2262-04-11-23:47:16.854775807	DTL: 2008-12-16-20:30:20.250

DTL 数据类型的结构由几个部分组成，每一部分都包含不同的数据类型和取值范围。指定值的数据类型必须与相应元素的数据类型相匹配。表 1-19 给出了 DTL 数据类型的结构组成及其属性。

表1-19 DTL的结构组成及其属性

字　节	组　件	数 据 类 型	值 范 围
0	年	UINT	1970～2262
1			

（续表）

字　节	组　件	数据类型	值 范 围
2	月	USINT	1～12
3	日	USINT	1～31
4	星期	USINT	1（星期日）～7（星期六）
5	小时	USINT	0～23
6	分钟	USINT	0～59
7	秒	USINT	0～59
8			
9	纳秒	UDINT	0～999999999
10			
11			

2 系统 / 本地时间区别

系统时间（System Time）：格林威治标准时间。

本地时间（Local Time）：根据 S7-1200 CPU 所处时区设置的本地标准时间。

例如，北京时间与系统时间相差 8 小时。

在 CPU 属性中进行时间设置如图 1-25 所示。

图 1-25　时间设定

3 读取 S7-1200 CPU 的系统 / 本地时钟

（1）调用读取 S7-1200 CPU 的系统 / 本地时钟的指令，如图 1-26 所示。

（2）要读取 S7-1200 CPU 的系统 / 本地时钟，需要在 DB 块中创建数据类型为 DTL 的变量，如图 1-27 所示。

图 1-26　调用时钟指令

图 1-27　DB 中添加变量

（3）在 OB1 中编程，读出的系统／本地时间通过输出管脚"OUT"放入数据块相应的变量中，如图 1-28 所示。

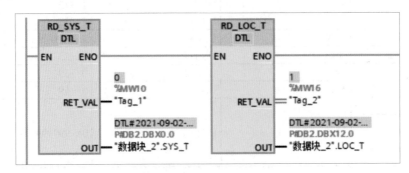

图 1-28 读取系统时间和本地时间

（4）通过变量监控可以查看实时数据，如图 1-29 所示。

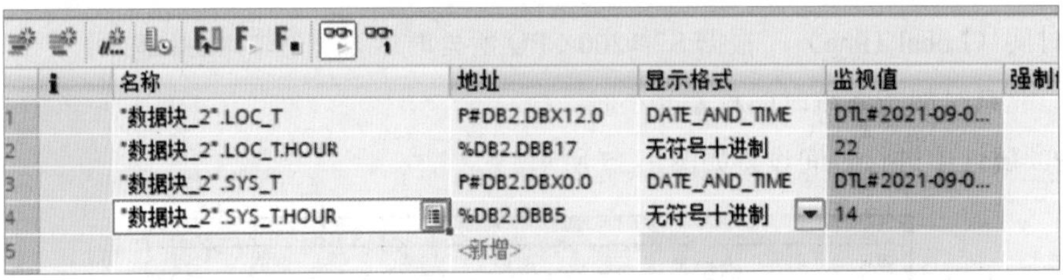

	i	名称	地址	显示格式	监视值	强制
1		"数据块_2".LOC_T	P#DB2.DBX12.0	DATE_AND_TIME	DTL#2021-09-0...	
2		"数据块_2".LOC_T.HOUR	%DB2.DBB17	无符号十进制	22	
3		"数据块_2".SYS_T	P#DB2.DBX0.0	DATE_AND_TIME	DTL#2021-09-0...	
4		"数据块_2".SYS_T.HOUR	%DB2.DBB5	无符号十进制	14	
5			<新增>			

图 1-29 变量监控

从图 1-29 中可以看出，读出的系统时间和本地时间相差 8 小时，这是因为 S7-1200 CPU 所设置的时间与格林威治时间相差 8 小时。

4 实例编程

使用本地时钟实现以下功能：

（1）设定每天晚上 7 点开灯，早上 7 点 30 分 10 秒关灯。

（2）设定 2021-10-01-09:00:00 执行 PLC 停机。

编程第一步：晚上 19:00 关灯，如图 1-30 所示。

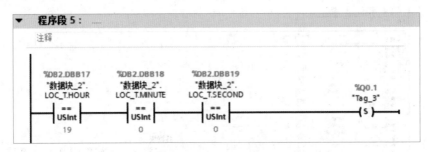

图 1-30 晚上 19:00 开灯

编程第二步：早晨 7:30:10 关灯，如图 1-31 所示。

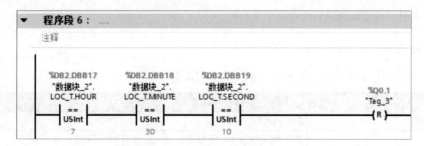

图 1-31　早晨 7:30:10 关灯

编程第三步：PLC 定时停机，如图 1-32 所示。

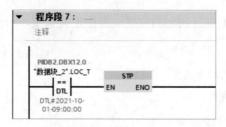

图 1-32　定时将 PLC 停机

1.4.8　指针数据类型

指针数据类型（Pointer、Any 和 Variant）可用于 FB 和 FC 代码块的块接口表中。可以从块接口数据类型下拉列表中选择指针数据类型，也可以将 Variant 数据类型用作指令参数。

1 Pointer 指针数据类型

Pointer 指针数据类型指向特殊变量，它会在存储器中占用 6 字节（48 位），可能包含以下信息：

DB 编号或 0（如果该数据未存储在 DB 中）

CPU 存储区中的变量地址如图 1-33 所示。

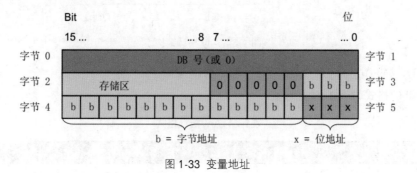

图 1-33　变量地址

可以使用指令声明以下三种类型的指针：

- 区域内部的指针：包含变量的地址数据。
- 跨区域指针：包含存储区中数据以及变量地址数据。

- DB 指针：包含数据块编号以及变量地址。

三种指针类型如表 1-20 所示。

表1-20 指针类型

类　型	格　式	示例输入
区域内部的指针	P#Byte.Bit	P#20.0
跨区域指针	P#Memory_area_Byte.Bit	P#M20.0
DB指针	P#Data_block.Data_element	P#DB10.DBX20.0

2 Any 指针数据类型

Any 指针数据类型指向数据区的起始位置，并指定其长度。Any 指针使用存储器中的 10 字节，可能包含以下信息：

- 数据类型：数据元素的数据类型。
- 重复因子：数据元素数目。
- DB 号：存储数据元素的数据块。
- 存储区：CPU 中存储数据元素的存储区。
- 起始地址：数据的"Byte.Bit"起始地址。

Any 指针的结构如图 1-34 所示。

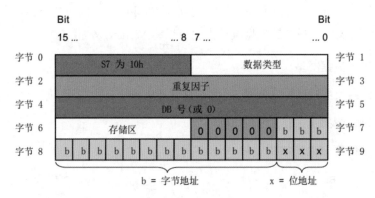

图 1-34 Any 指针结构

指针无法检测 Any 结构，只能将它分配给局部变量。

Any 指针的格式如表 1-21 所示。

表1-21 Any指针格式

格　式	条目示例	说　明
P#Data_block.Memory_area Data_address类型号	P#DB 11.DBX20.0 INT10	全局DB11中从DBX20.0开始的10字节
P#Memory_area Data_address	P#M 20.0 BYTE 10	从M20.0开始的10字节
类型号	P#I 1.0 BOOL 1	输入I1.0

3 Variant 指针数据类型

Variant 指针可以指向结构和单独的结构元素，不会占用存储器的任何空间。Variant 指针的属性如表 1-22 所示。

表1-22　Variant指针属性

长　度	表示方式	格　式	示例输入
0	符号	操作数	MyTag
		DB_name.Struct_name.element_name	MyDB.Struct1.pressure1
	绝对	操作数	%MW10
		DB_number.Operand Type Length	P#DB10.DBX10.0 INT12

第 2 章

博途 TIA 软件入门

TIA Portal 是西门子全新的全集成自动化软件（Totally Integrated Automation Portal）的简称，中文名称为博途，是世界上最著名且应用最广泛的工业自动化编程软件之一，在行业中始终立于不败之地。它是业内首个采用统一的工程组态和软件项目环境的自动化软件，几乎适用于所有自动化任务。用户借助这个软件平台能够快速、直观地开发和调试自动化系统。

本章主要介绍博途 TIA 软件的安装和使用。

2.1 软件概述与安装

博途 TIA 统一的软件开发环境，由可编程控制器、人机界面和驱动装置组成，其可在控制器、驱动装置和人机界面之间建立通信时的共享任务，大大减少了自动化项目的软件工程组态时间，降低了人工成本，提高了整个自动化项目的效率。本书以博途 V15.1 为例进行讲解。

2.1.1 软件安装对系统的要求

博途软件安装对系统的要求如表 2-1 所示。

表2-1 软件安装对系统的要求

处理器	Intel® Core™ i5-6440EQ（最高 3.4GHz）
RAM	16GB（最低8GB，大型项目为32GB）
硬盘	SSD，至少50GB的可用存储空间
网络	1Gbit（多用户）

（续表）

显示器	15.6″ 全高清显示屏（1920×1080或更高）
操作系统	Windows 7（64 位） • Windows 7 Home Premium SP1 * • Windows 7 Professional SP1 • Windows 7 Enterprise SP1 • Windows 7 Ultimate SP1 Windows 10（64 位） • Windows 10 Home Version 1709，1803 * • Windows 10 Professional Version 1709，1803 • Windows 10 Enterprise Version 1709，1803 • Windows 10 Enterprise 2016 LTSB • Windows 10 IoT Enterprise 2015 LTSB • Windows 10 IoT Enterprise 2016 LTSB Windows Server（64 位） • Windows Server 2012 R2 StdE（完全安装） • Windows Server 2016 Standard（完全安装） 带*的版本仅适用于 Basic 系统

2.1.2　与其他 STEP 产品的兼容性

STEP 7 V15.1 可与 STEP 7 V11 ～ V15、STEP 7 V5.4 或更高版本、STEP 7 Micro/WIN、WinCC flexible（2008 及更高版本）和 WinCC（V7.0 SP2 或更高版本）安装在同一台计算机上。

TIA Portal 项目版本自 V13 SP1 起的项目可以直接升级至 V15.1。

TIA Portal 与旧版本软件生成的项目文件的兼容性如表 2-2 所示。

表2-2　TIA Portal与旧版软件的兼容性

TIA Portal 软件版本（项目扩展名）	使用TIA Portal 打开项目文件
V10.5(.ap10) V11(.ap11) V12(.ap12) V13(.ap13)	TIA Portal只能打开本版本和前一版本项目。 V12、V13、V13 SP1支持对前一版本项目文件的兼容模式。 V13 SP1开始支持将设备作为新站（硬件和软件上传）
V13 SP1(.ap13) V14(.ap14) V14 SP1(.ap14) V15(.ap15)	V14 SP1支持不升级打开编辑V14项目。 V14、V15在打开V13 SP1项目时需要确认升级才能打开并同时升级项目文件。 V13以前的项目文件需要升级到V13 SP1才可以被V15、V14升级使用

2.1.3　所支持的虚拟系统

博途软件所支持的虚拟系统如下：

VMware vSphere Hypervisor (ESXi) 6.5

VMware Workstation 15

VMware Player 12.5

Microsoft Hyper-V Server 2016

2.1.4 博途 V15.1 软件的安装

安装时如果提示系统需要重启，则是因为系统里曾安装过 STEP 系列产品，这时就需要修改注册表值，使系统具备安装条件，具体操作步骤如下：

步骤 01 在 Windows 系统下，按组合键 WIN+R，在弹出的"运行"对话框中输入"regedit"，打开注册表编辑器，如图 2-1 和图 2-2 所示。

图 2-1 调出注册表

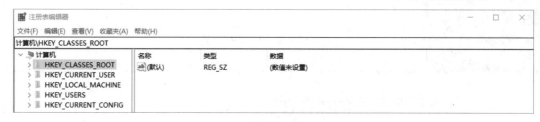

图 2-2 打开"注册表"编辑器

步骤 02 找到 HEEY_LOCAL_MACHINE\SYSTEM\CURRENTCONTROLSET\CONTROL\SESSION MANAGER\ 下的 PendingFileRemameOpeaations 键，查看该键，将该键所指向的目录文件删除，然后删除该键，或者直接删除该键值。不需要重新启动，继续安装即可。

博途 TIA 软件的安装步骤如下（本书以 Windows 10 操作系统下的软件安装为例进行讲解）：

步骤 01 启动安装软件。双击安装包开始安装，如图 2-3 所示。在弹出的欢迎窗口中单击"下一步"按钮，如图 2-4 所示。

步骤 02 选择安装语言。在弹出的语言选择窗口中选择"简体中文"，然后单击"下一步"按钮，如图 2-5 所示。

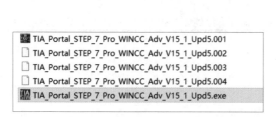

图 2-3 启动软件

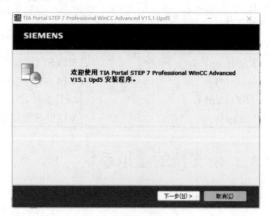

图 2-4 开始安装软件

步骤 03　因为安装包是镜像文件，所以需要减压后再安装，在弹出的窗口中选择解压文件存储路径如
图 2-6 所示。

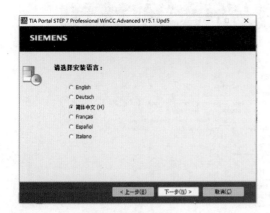

图 2-5　选择安装语言

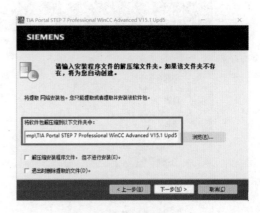

图 2-6　解压路径选择

步骤 04　开始解压文件，如图 2-7 所示。

步骤 05　减压完成后，出现如图 2-8 所示的界面，单击"下一步"按钮开始安装软件。

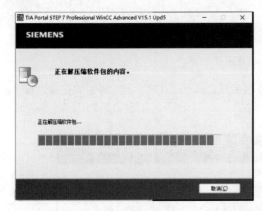

图 2-7　解压文件

图 2-8　开始安装软件

步骤 06　在弹出的窗口中选择"典
型安装"，如图 2-9 所示。

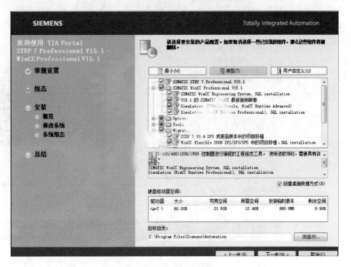

图 2-9　典型安装

安装的软件项目如图 2-10 所示。

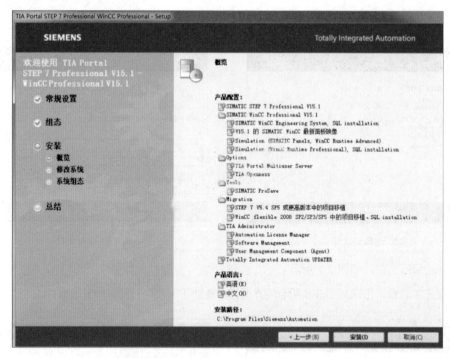

图 2-10 安装的软件项目

步骤 07 开始自动安装，不需要做任何操作，等待安装完成，如图 2-11 所示。博途的安装过程大概需要 40 分钟。

图 2-11 自动安装

仿真软件 PLCSIM15.1 需要单独安装，由于安装简单，因此这里就不做该软件安装步骤的介绍了。

博途 V15.1 软件对安装硬件的配置要求比较高，要求 PC 的内存最低为 8GB，为了使用时的界面显示更加完善，这里建议使用 15″的显示器。因为西门子的大多数软件一旦出现损坏（比如被杀毒软件隔离了某个控件）就很难重新安装成功，很多时候是需要重装系统的，所以为了减少麻烦，笔者一般是将博途软件安装到虚拟机中。

> **注意** 如果计算机已安装过西门子的编程软件的话，那么在安装博途软件时会弹窗提示"重新启动系统"，遇到这种情况重启系统是不起作用的，必须将注册表中的相关项目"HEEY_LOCAL_MACHINE\SYSTEM\CURRENTCONTROLSET\CONTROL\SESSION MANAGER\ 下的 PendingFileRemameOpeaations"删除掉，才能正常安装。

2.2　博途软件界面介绍

STEP 7 提供了一个用户友好的环境，供用户开发控制器逻辑、组态 HMI 可视化和设置网络通信。为帮助用户提高生产效率，STEP 7 提供了两种不同的项目视图：根据工具功能组织的面向任务的 Portal 视图（又称门户视图）和由项目中各元素组成的面向项目的项目视图。只需单击就可以切换门户视图和项目视图。

博途软件提供了两种优化的视图，即 Portal 视图和项目视图。Portal 视图是面向任务的视图，项目视图是包含项目各组件、相关工作区和编辑器的视图。

2.2.1　Portal 视图

Portal 视图又名门户视图，是一种面向任务的视图，便于初学者快速上手使用，具体的功能模块如图 2-12 所示。

用户视图界面功能说明如下：

① 不同任务的登录选项：登录选项为各个任务区提供基本功能，在 Portal 视图中提供的登录选项取决于所安装的产品。

② 所选登录选项对应的操作：此处提供了在所选登录选项中可以使用的操作。可在每个登录选项中调用上下文相关的帮助功能。

③ 所选操作的选择面板：所有登录选项中都提供了选择面板，该面板的内容取决于建立的工程。

④ 切换到项目视图：可以使用"项目视图"切换到所选的项目视图。

⑤ 当前打开的项目的显示区域：显示当前打开的项目，以及项目存放的路径。

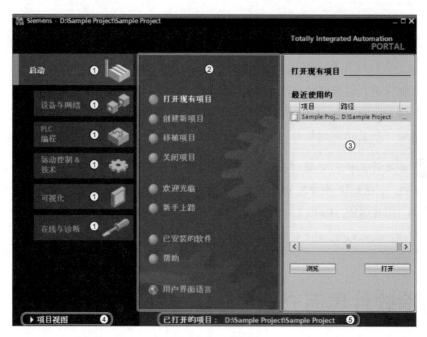

图 2-12 Portal 视图

2.2.2 项目视图

项目视图（见图 2-13）是具有项目组件的结构化视图，使用者可以通过项目视图直接访问所有的编辑器、参看数据、编辑程序等。

图 2-13 项目视图

项目视图界面功能说明如下：

① 标题栏：显示当前打开的项目名称。

② 菜单栏：软件使用的所有命令。

③ 工具栏：包括常用命令或工具的快捷按钮。

④ 项目树：通过项目树可以访问所有设备和项目数据。

⑤ 参考项目：通过参考项目可以打开另一个程序进行程序对比。

⑥ 详细视图：用于显示项目树中已选择的内容。

⑦ 工作区：在工作区中可以打开不同的编辑器，并对项目数据进行处理。

⑧ 分割线：分割界面功能区域。

⑨ 巡视窗：用来显示工作区中已选择对象或执行操作的附加信息。"属性"选项卡用于显示已选择的属性，并可对属性进行设置；"信息"选项卡用于显示已选择的附加信息及操作过程中的报警信息等；"诊断"选项卡提供了系统诊断事件和已配置的报警事件。

⑩ 切换到 Portal 视图：可以切换视图到 Portal 视图。

⑪ 编辑器：显示所有打开的编辑器。要在打开的编辑器之间切换，只需要单击不同的编辑器即可。

⑫ 带有进度显示的状态：显示当前运行过程的进度。

⑬ 任务卡：通过单击不同的任务卡可以调出用户所需的任务栏。

2.3　项目树

使用项目树功能可以访问所有组件和项目数据。可在项目树中执行以下任务：

（1）添加新组件。

（2）编辑现有组件。

（3）扫描和修改现有组件的属性。

可以通过鼠标或键盘输入指定对象的第一个字母，选择项目树中的各个对象。如果有多个对象的首字母相同，则将选择低一级的对象。为了便于用户通过输入首字母选择对象，必须在项目树中选中用户界面元素。

项目树视图界面（见图 2-14）功能说明如下：

① 标题栏：项目树的标题栏中有一个按钮，用于自动和手动折叠项目树。手动折叠项目树时，此按钮将"缩小"到左边界，此时它会从指向左侧的箭头变为指向右侧的箭头，并可用于重新打开项目树。在不需要时，可以单击该按钮自动折叠项目树。

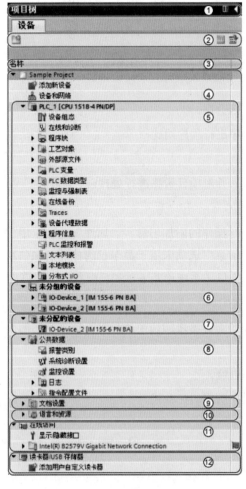

图 2-14 项目树

② 工具栏：可以执行以下任务。

● 创建新的用户文件夹，例如，对程序块（Program blocks）文件夹中的块进行分组或对设备进行分组。

● 向前浏览到链接的源，然后往回浏览到链接本身。项目树中有两个用于链接的按钮，可使用这两个按钮从链接浏览到源，然后再往回浏览。

● 在工作区中显示所选对象的总览。显示总览时，将隐藏项目树中元素的更低级别的对象和操作。

③ 项目：在项目（Project）文件夹中，我们将找到与项目相关的所有对象和操作，例如设备、语言和资源、在线访问等。

④ 设备：项目中的每个设备都有一个单独的文件夹，该文件夹具有内部的项目名称，属于该设备的对象和操作都排列在此文件夹中。

⑤ 取消设备分组：项目中的所有分布式 IO 设备都将包含在到未分组设备（Ungrouped devices）文件夹中。

⑥ 未分组的设备：在未分组设备文件夹中显示未分组的设备。

⑦ 未分配设备：在未分配设备（Unassigned devices）文件夹中，未分配给分布式 IO 系统的分布式 IO 设备将显示为一个链接。

⑧ 公共数据：此文件夹包含可跨多个设备使用的数据，例如公共消息类、日志和脚本。

⑨ 文档设置：在该文件夹中，可指定项目文档的打印布局。

⑩ 语言和资源：可在此文件夹中确定项目语言和文本。

⑪ 在线访问：该文件夹包含了 PG/PC 的所有接口，即使未用于与模块通信的接口也包括在其中。

⑫ 读卡器 /USB 存储器：该文件夹用于管理连接到 PG/PC 的所有读卡器和其他 USB 存储介质。

2.4　程序编译和下载

为确保所编写的 PLC 程序没有错误，在自动化系统中可正常执行，首先需要编译程序，编译没有错误提示后再下载到设备中。程序数据可加载到设备和存储卡中。

首次下载 PLC 程序时，将完全加载程序数据。在后期的下载过程中，只需下载更改部分即可。将程序下载到设备时，需包含块、PLC 数据类型和 PLC 变量的所有更改，以确保数据的一致性。

STEP 7 TIA Portal 软件向用户提供了简便、灵活的下载方式，操作步骤如下：

步骤 01　在项目树中选中需要下载的项目文件夹，然后在菜单栏中执行"在线"→"下载到设备"命令或直接单击工具栏上的"下载到设备"图标，如图 2-15 所示。

图 2-15　项目下载

另外，还可以单独下载组件，例如硬件组态和程序块。在项目树中右击项目文件夹，弹出的快捷命令如图 2-16 所示。

（1）"下载到设备→硬件和软件（仅更改）"命令：设备组态和改变的程序下载到 CPU 中。

（2）"下载到设备→硬件配置"命令：只有硬件组态下载到 CPU 中。

（3）"下载到设备→软件（仅更改）"命令：只有改变的程序块下载到 CPU 中。

（4）"下载到设备→软件（仅更改）"命令：下载所有的程序块到 CPU 中。

图 2-16 单独组件下载

步骤 02　在弹出的"扩展下载到设备"对话框中，设置 PG/PC 接口类型，在"PG/PC 接口"下拉列表中选择编程设备的网卡，单击"开始搜索"按钮，如图 2-17 所示。

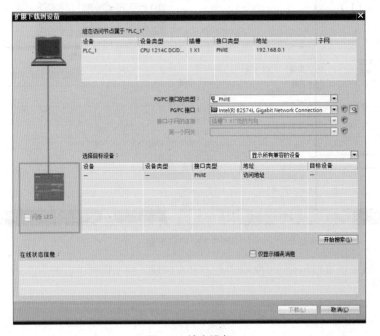

图 2-17 搜索设备

步骤 03　搜索到可访问的设备后，选择要下载的 PLC，当网络上有多个 S7-1200 PLC 时，通过勾选"闪烁 LED"复选框来确认下载对象，然后单击"下载"按钮，如图 2-18 所示。

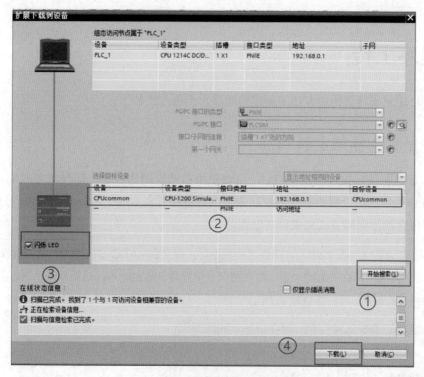

图 2-18　选择下载对象

步骤 04　S7-1200 下载程序必须是一致性下载，也就是无法做到只下载部分块到 CPU，如图 2-19 所示，单击"装载"按钮，装载完成后单击"完成"按钮。

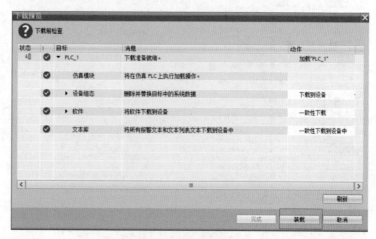

图 2-19　下载预览窗口

注意　下载菜单中的"下载到设备"和"扩展下载到设备"有什么区别？

下载菜单中的"下载到设备"命令等同于工具栏的下载到设备图标，在项目文件下载后，项目会自动记录之前的下载行为，当选择"下载到设备"命令或者单击工具栏中的下载到设备图标时，PC 将直接和 CPU 建立连接，跳到如图 2-16 所示的下载预览页面。如果之前没有下载过项目文件，那么选择"下载到设备"命令或者单击工具栏中的下载到设备图标会跳到如图 2-15 所示的页面，需要先设置接口、搜索等，然后才可以下载。而单击"扩展到设备"就会像"下载到设备"之前没有下载过项目文件的状态，从图 2-15 所示的页面开始进行。

2.5 程序上传

博途 V15.1 只支持上传由 V15.1 创建的程序，上传方式如下。

2.5.1 设备作为新站上传程序

通过计算机在线连接 S7-1200 CPU，可以使用自动检测这种更为简便的方式完成设备的硬件配置。CPU 处于出厂设置状态，用户从未下载设备配置到 CPU，也从未为 CPU 分配 IP 地址，因此可以采用自动检测的方式完成设备配置。

步骤 01 添加新设备（见图 2-20），选择"控制器"，在"SIMATIC S7-1200"下面选择"非特定的 CPU 1200"，在右边的"版本"下拉列表中选择合适的版本，然后单击"确定"按钮。

步骤 02 弹出项目视图，在一个透明的 CPU 下面的对话框中，单击"获取"文字链接，如图 2-21 所示。

图 2-20 添加非特定的 CPU 1200

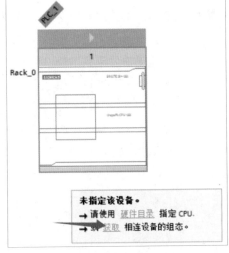

图 2-21 获取设备型号

步骤 03 弹出"对 PLC_1 进行硬件检测"窗口（见图 2-22），在硬件检测窗口中完成以下操作：

（1）单击"开始搜索"按钮。

（2）在"所选接口的兼容可访问节点"中显示搜索到的 PLC，将对应的 PLC 选中。

（3）单击"检测"按钮。

（4）硬件信息上载成功后，用户可以在设备视图中看到所有模块的类型，包括 CPU、通信模块、信号模板和 IO 模块，如图 2-23 所示。

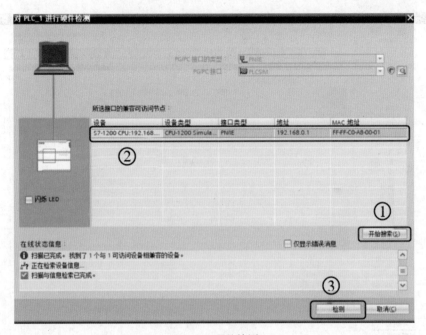

图 2-22　硬件检测

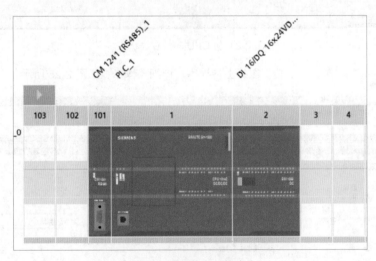

图 2-23　硬件信息上载成功

> **注意**　硬件信息上载的只是 CPU（包含以太网地址）、主机架模块的型号以及版本号，分布式 IO 以及模块参数配置是不能获取的，必须重新组态及配置所需参数并下载，才能保证 CPU 正常运行。

2.5.2　已知设备型号，上传软件程序

步骤 **01**　如果知道 PLC 的型号，那么可以在硬件组态时直接填入型号。PLC 硬件信息组态完成后，将 CPU 转为"转至在线"，如图 2-24 所示。

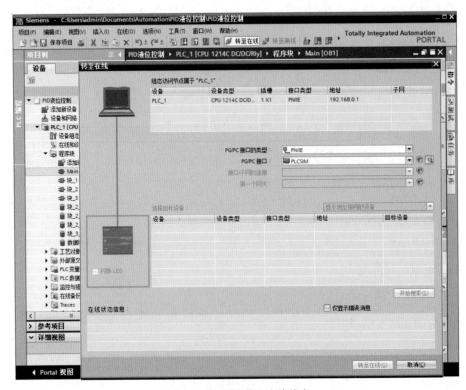

图 2-24 将 CPU 转为在线状态

步骤 02 CPU 在线后，单击"上传"图标上传程序，详细操作步骤如图 2-25 所示。

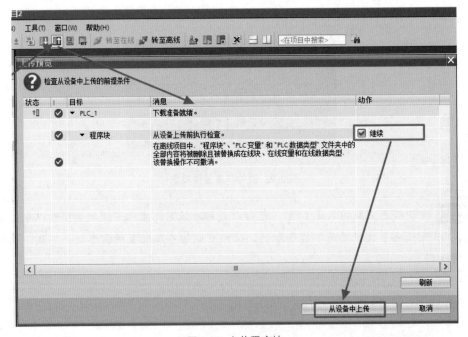

图 2-25 上传程序块

上传完成后如图 2-26 所示。

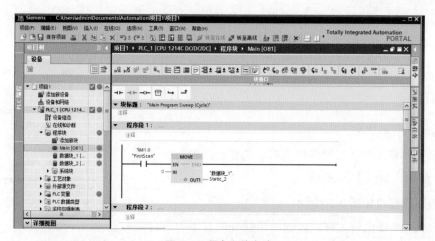

图 2-26　程序上传完成

2.6　程序比较

博途软件具备程序比较功能，可以通过该功能比较 PLC 程序的以下对象以检测差别：

（1）代码块与其他代码块。

（2）数据块与其他数据块。

（3）一个 PLC 变量表中的变量与另一个 PLC 变量表中的变量。

（4）PLC 数据类型与其他 PLC 数据类型。

程序比较的操作步骤如下：

步骤 01　在菜单栏的"视图"菜单中勾选"参考项目"复选框，如图 2-27 所示。

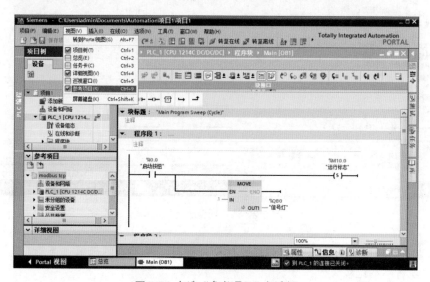

图 2-27　勾选"参考项目"复选框

步骤 02 此时在项目树中会出现"参考项目"工具栏（见图 2-28），
在此处打开要对比的新项目即可。

可以使用两种不同的方法进行比较：离线/离线比较，离
线/在线比较。

1）离线/离线比较

右击工程项目，在弹出的快捷菜单中选择"比较"→"离
线/离线"命令，如图 2-29 所示。

弹出的比较窗口如图 2-30 所示。

通过离线/离线比较，可比较当前所打开项目中的两台设
备的对象。此外，也可将参考项目或库中的设备拖放到右侧区
域中，但每次只能比较一个 TIA Portal 实例中的设备。

图 2-28 "参考项目"工具栏

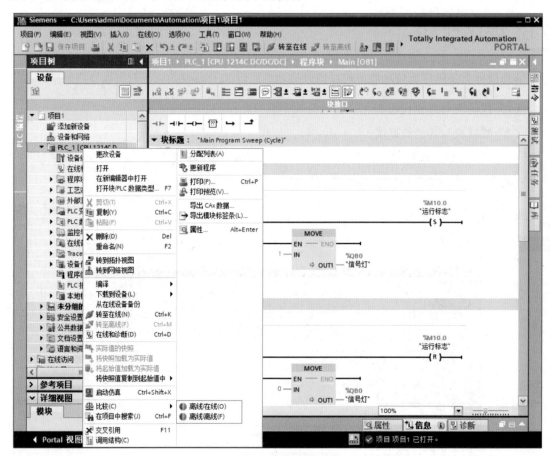

图 2-29 选择项目比较方式

注意 不能同时执行任意数量的比较操作，即对于每种比较类型（离线/在线或离线/
离线）只能执行一个比较操作。

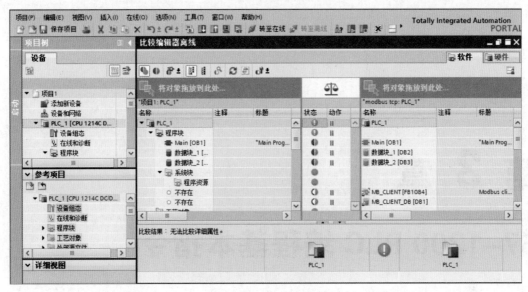

图 2-30 程序段离线／离线比较

2）离线／在线比较

离线／在线比较用于将项目中的对象与相应在线设备中的对象进行比较，比较时必须建立与设备的在线连接，如图 2-31 所示。

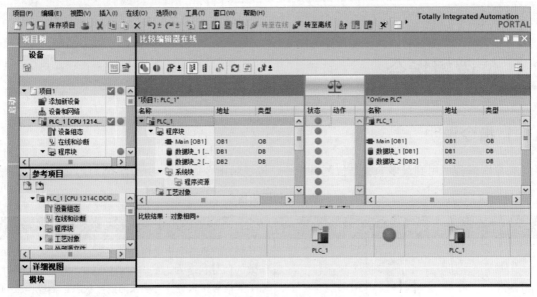

图 2-31 程序段离线／在线比较

第 3 章

S7–1200 PLC 编程基本指令

博途有丰富的指令系统,利用这些指令可以轻松实现各种复杂的控制逻辑。对于 PLC 系统来说,指令是最基础的编辑语言,掌握了这些指令的用法,就可以完成电器控制工程的控制任务。

本章主要介绍工程中常用到的位逻辑指令、定时器指令、计数器指令、比较指令、移位和循环指令。

3.1 位逻辑指令

3.1.1 指令说明

梯形图编程中用到最多的就是位逻辑指令。位逻辑指令如表 3-1 所示。

表3-1 位逻辑指令

指令名称	指令符号	操 作 数	指令介绍
常开触点	┤├	BOOL	常开触点的激活取决于相关操作数的信号状态。当操作数的信号状态为"1"时,常开触点将关闭,同时输出的信号状态置位为输入的信号状态。当操作数的信号状态为"0"时,不会激活常开触点,同时该指令输出的信号状态复位为"0"
常闭触点	┤/├	BOOL	当操作数的信号状态为"1"时,常闭触点将打开,同时该指令输出的信号状态复位为"0"。当操作数的信号状态为"0"时,不会启用常闭触点,同时将该输入的信号状态传输到输出

指令名称	指令符号	操 作 数	指令介绍
取反ROL	–|NOT|–	无	使用取反RLO指令可对逻辑运算结果（RLO）的信号状态进行取反。如果该指令输入的信号状态为"1"，则指令输出的信号状态为0；如果该指令输入的信号状态为"0"，则输出的信号状态为"1"
线圈	–( )–	BOOL	可以使用线圈指令来置位指定操作数的位。如果线圈输入的逻辑运算结果（RLO）的信号状态为"1"，则将指定操作数的信号状态置位为"1"；如果线圈输入的信号状态为"0"，则指定操作数的位将复位为"0"。该指令不会影响RLO。线圈输入的RLO将直接发送到输出
赋值取反	–(/)–	BOOL	使用赋值取反指令可将逻辑运算的结果（RLO）进行取反，然后将它赋值给指定操作数。线圈输入的RLO为"1"时，复位操作数；线圈输入的RLO为"0"时，操作数的信号状态置位为"1"
复位输出	–(R)–	BOOL	可以使用复位输出指令将指定操作数的信号状态复位为"0"。 仅当线圈输入的逻辑运算结果（RLO）为"1"时，才执行该指令。如果信号流过线圈（RLO="1"），则指定的操作数复位为"0"；如果线圈输入的RLO为"0"（没有信号流过线圈），则指定操作数的信号状态将保持不变
置位输出	–(S)–	BOOL	使用置位输出指令可将指定操作数的信号状态置位为"1"。仅当线圈输入的逻辑运算结果（RLO）为"1"时，才执行该指令。如果信号流过线圈（RLO="1"），则指定的操作数置位为"1"；如果线圈输入的RLO为"0"（没有信号流过线圈），则指定操作数的信号状态将保持不变
置位位域	out –(SET_BF)– in	OUT：BOOL IN：常数	可对从某个特定地址开始的多个位进行置位。 • OUT：指向要置位的第一个位的指针。 • IN：要置位的位数
复位位域	out –(RESET_BF)– in	OUT：BOOL IN：常数	复位从某个特定地址开始的多个位。 • OUT：指向待复位的第一个位的指针。 • IN：要复位的位数
置位/复位触发器	"TagSR" SR S　Q R1	S：BOOL R1：BOOL Tag：BOOL Q：BOOL	根据输入S和R1的信号状态置位或复位指定操作数的位。 • S：使能置位。 • R1：使能复位。 • Tag：待置位或复位的操作数。 • Q：操作数的信号状态

指令名称	指令符号	操 作 数	指令介绍
复位/置位触发器	"TagRS" RS R Q S1	R: BOOL	根据R和S1输入端的信号状态复位或置位指定操作数的位。
		S1: BOOL	• R：使能复位。
		Tag: BOOL	• S1：使能置位。 • Tag：待复位或置位的操作数。
		Q: BOOL	• Q：操作数的信号状态
信号上升沿置位	"IN" —┤P├— "M_BIT"	IN: BOOL	用于确定所指定IN的信号状态是否从"0"变为"1"。 • IN：要扫描的信号。
		M_BIT: BOOL	• M_BIT：保存上一次查询的信号状态的边沿信号存储位
信号下降沿置位	"IN" —┤N├— "M_BIT"	IN: BOOL	用于确定所指定IN的信号状态是否从"1"变为"0"。 • IN：要扫描的信号。
		M_BIT: BOOL	• M_BIT：保存上一次查询的信号状态的边沿信号存储位
信号上升沿置位操作数	"OUT" —(P)— "M_BIT"	OUT: BOOL	在逻辑运算结果（RLO）从"0"变为"1"时置位指定操作数（OUT）。
		M_BIT: BOOL	• OUT：上升沿置位的操作数。 • M_BIT：边沿信号存储位
信号下降沿置位操作数	"OUT" —(N)— "M_BIT"	OUT: BOOL	在逻辑运算结果（RLO）从"1"变为"0"时置位指定操作数（OUT）。
		M_BIT: BOOL	• OUT：上升沿置位的操作数。 • M_BIT：边沿信号存储位
扫描RLO信号上升沿	P_TRIG CLK Q "M_BIT"	CLK: BOOL	用于查询逻辑运算结果（RLO）的信号状态从"0"到"1"的更改。
		M_BIT: BOOL	• CLK：当前 RLO。 • M_BIT：保存上一次查询的RLO的边沿存储位。
		Q: BOOL	• Q：边沿检测的结果
扫描RLO信号下降沿	N_TRIG CLK Q "M_BIT"	CLK: BOOL	用于查询逻辑运算结果（RLO）的信号状态从"1"到"0"的更改。
		M_BIT: BOOL	• CLK：当前RLO。 • M_BIT：保存上一次查询的RLO的边沿存储位。
		Q: BOOL	• Q：边沿检测的结果
检测信号上升沿	"R_TRIG_DB" R_TRIG EN ENO CLK Q	EN: BOOL	用于检测输入CLK的从"0"到"1"的状态变化。
		ENO: BOOL	• EN：使能输入。 • ENO：使能输出。
		CLK: BOOL	• CLK：到达信号，查询该信号的边沿。
		Q: BOOL	• Q：边沿信号检测的结果

（续表）

指令名称	指令符号	操 作 数	指令介绍
检测信号下降沿	"F_TRIG_DB" F_TRIG EN　ENO CLK　Q	EN：BOOL	用于检测输入CLK的从"1"到"0"的状态变化。
		ENO：BOOL	• EN：使能输入。
		CLK：BOOL	• ENO：使能输出。 • CLK：到达信号，查询该信号的边沿。
		Q：BOOL	• Q：边沿信号检测的结果

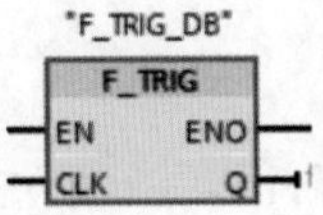

3.1.2 应用示例

位逻辑指令常用于简单的起保停电路，通过启动和停止按钮来控制电机的运行状态。

方法一：采用自锁电路实现起保停逻辑控制，如图 3-1 所示。

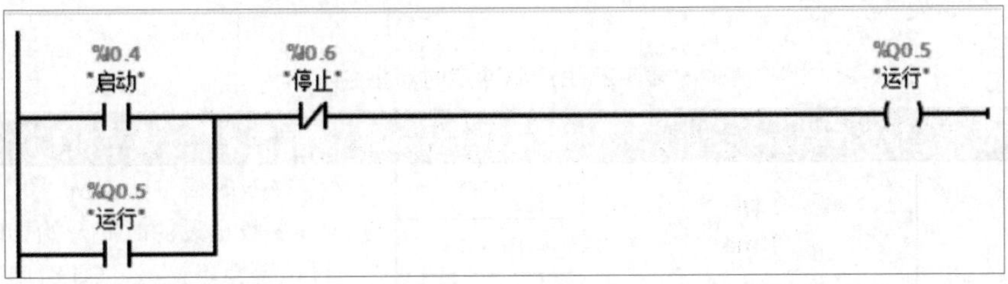

图 3-1　自锁电路

方法二：采用置位和复位指令实现起保停逻辑控制，如图 3-2 和图 3-3 所示。

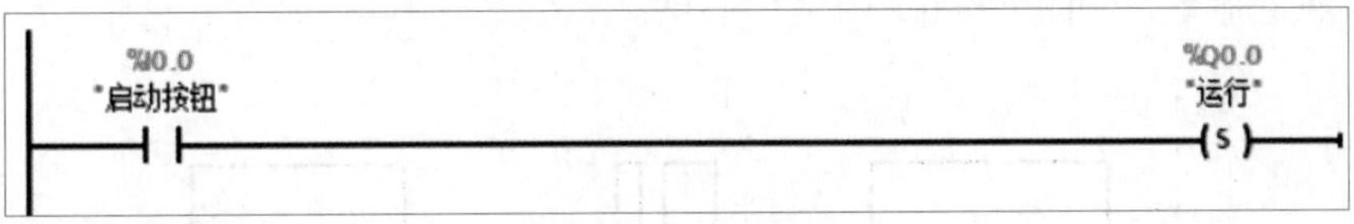

图 3-2　置位线圈

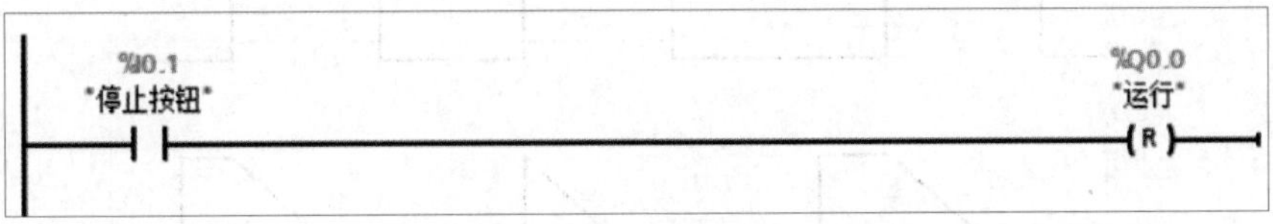

图 3-3　复位线圈

3.2 定时器指令

定时器指令具有延时的功能，在程序中可以使用的定时器的数量受 CPU 存储器容量限制。每个定时器均使用 16 字节的 IEC_Timer 数据类型的 DB 结构来存储指定的定时器数据。STEP 7 会在插入定时器指令时自动创建对应的 DB。

常用的定时器指令有 4 种，分别为生成脉冲定时器指令、接通延时定时器指令、关断延时定时器指令、时间累加器指令。

3.2.1 生成脉冲定时器指令

使用生成脉冲定时器指令可以将输出 Q 置位为预设的一段时间。当输入 IN 的逻辑运算结果（RLO）从"0"变为"1"时，启动该指令。指令启动时，预设的时间 PT 即开始计时。无论后续输入信号的状态如何变化，都将输出 Q 置位由 PT 指定的一段时间。PT 持续时间正在计时时，即使检测到新的信号上升沿，输出 Q 的信号状态也不会受到影响。

使用生成脉冲定时器指令还可以扫描输出 ET 处的当前时间值。该定时器值从 T#0s 开始，在达到持续时间值 PT 后结束。如果 PT 时间用完且输入 IN 的信号状态为"0"，则复位输出 ET。

每次调用生成脉冲定时器指令，都会为它分配一个 IEC 定时器用于存储指令数据。生成脉冲定时器指令如表 3-2 所示。

表3-2 生产脉冲定时器指令

指令名称	指令符号	操作数类型	说　明
生成脉冲定时器	TP Time IN　　　Q PT　　　ET	IN: BOOL Q: BOOL PT: TIME ET: TIME	当操作数IN的信号状态从"0"变为"1"时，PT参数预设的时间开始计时，且操作数Q将设置为"1"。当前时间值存储在操作数ET中。定时器计时结束时，操作数Q的信号状态复位为"0"

生成脉冲定时器指令的时序图如图 3-4 所示。

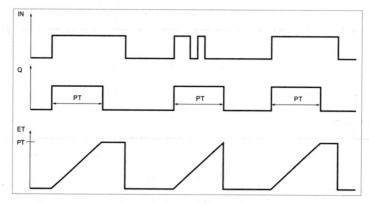

图 3-4 生成脉冲定时器时序图

3.2.2 接通延时定时器指令

接通延时定时器指令可以将输出 Q 的信号推迟到预设值 PT 时间到达后再执行输出。当输入 IN 的逻辑运算结果（RLO）从"0"变为"1"时，启动该指令。指令启动时，预设的时间 PT 开始计时。超出时间 PT 之后，输出 Q 的信号状态将变为"1"。只要启动输入一直为"1"，则输出 Q 就保持置位。启动输入的信号状态从"1"变为"0"时，将复位输出 Q。在启动输入检测到新的信号上升沿时，该定时器功能将再次启动。

接通延时定时器指令还可以在输出 ET 中查询当前的时间值。该定时器值从 T#0s 开始，在达到持续时间值 PT 后结束。只要输入 IN 的信号状态变为"0"，输出 ET 就复位。接通延时定时器指令如表 3-3 所示。

表3-3　接通延时定时器指令

指令名称	指令符号	操作数类型	说　明
接通延时定时器	TON Time — IN　　Q — — PT　　ET —	IN: BOOL Q: BOOL PT: TIME ET: TIME	当操作数IN的信号状态从"0"变为"1"时，PT参数预设的时间就开始计时。超过该时间周期后，操作数Q的信号状态将置"1"。只要操作数IN的信号状态为"1"，操作数Q就会保持置位为"1"。当前时间值存储在操作数PT中。当操作数IN的信号状态从"1"变为"0"时，将复位操作数Q

接通延时定时器指令的时序图如图 3-5 所示。

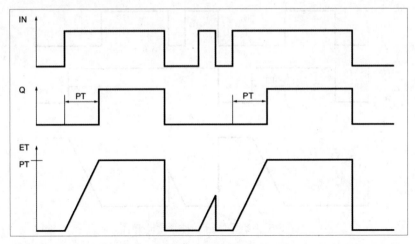

图 3-5　接通延时定时器指令的时序图

3.2.3　关断延时定时器指令

可以使用关断延时定时器指令将输出 Q 的信号在达到延时设定的时间 PT 时进行复位。当输入 IN 的逻辑运算结果（RLO）从"0"变为"1"（信号上升沿）时，将置位输出 Q。当输入 IN 处的信号状态变回"0"时，预设的时间 PT 开始计时。只要 PT 持续时间仍在计时，输出 Q 就保持置位。持续时间 PT 计时结束后，将复位输出 Q。如果输入 IN 的信号状态在持续时间 PT 计时结束之前变为"1"，则复位定时器，输出 Q 的信号状态仍将为"1"。

使用关断延时定时器指令还可以在输出 ET 中查询当前的时间值。该定时器值从 T#0s 开始，在达到持续时间值 PT 后结束。当持续时间 PT 计时结束后，在输入 IN 变回"1"之前，输出

ET 会保持为当前值的状态。在持续时间 PT 计时结束之前，如果输入 IN 的信号状态切换为 "1"，则将输出 ET 复位为值 T#0s。

每次调用生成关断延时指令时，都必须将它分配给用于存储指令数据的 IEC 定时器。关断延时定时器指令如表 3-4 所示。

表3-4 关断延时定时器指令

指令名称	指令符号	操作数类型	说　明
关断延时定时器	TOF Time — IN　　Q — — PT　　ET —	IN：BOOL Q：BOOL PT：TIME ET：TIME	当操作数IN的信号状态从 "0" 变为 "1" 时，操作数Q的信号状态将置位为 "1"。当操作数IN的信号状态从 "1" 变为 "0" 时，PT参数预设的时间将开始计时。只要该时间仍在计时，操作数Q就会保持输出为 "1"；该时间计时完毕后，操作数Q将复位为 "0"。当前时间值存储在操作数PT中

关断延时定时器指令的时序图如图 3-6 所示。

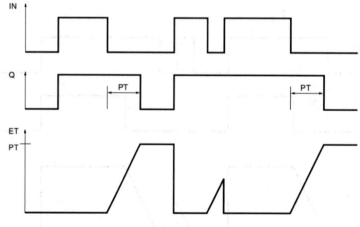

图 3-6 关断延时定时器指令的时序图

3.2.4 时间累加器指令

可以使用时间累加器指令来累加由参数 PT 设定的时间段内的时间值。输入 IN 的信号状态从 "0" 变为 "1"（信号上升沿）时，将执行该指令，同时时间值 PT 开始计时。当 PT 正在计时时，加上在输入 IN 的信号状态为 "1" 时记录的时间值。累加得到的时间值将写入输出 ET 中，并可以在此进行查询。持续时间 PT 计时结束后，输出 Q 的信号状态为 "1"。即使 IN 参数的信号状态从 "1" 变为 "0"（信号下降沿），Q 参数仍将保持置位为 "1"。无论启动输入的信号状态如何，输入 R 都将复位输出 ET 和 Q。

每次调用 "时间累加器" 指令时，都必须为它分配一个用于存储指令数据的 IEC 定时器。时间累加器指令如表 3-5 所示。

表3-5　时间累加器指令

指令名称	指令符号	操作数类型	说　明
时间累加器	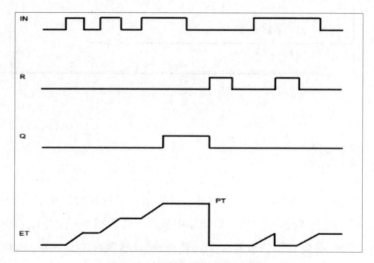	IN: BOOL	当操作数IN的信号状态从"0"变为"1"时，PT参数预设的时间开始计时。只要操作数IN的信号状态为"1"，该时间就继续计时。当操作数IN的信号状态从"1"变为"0"时，计时将停止，并记录操作数ET中的当前时间值。当操作数IN的信号状态从"0"变为"1"时，将继续从发生信号跃迁"1"到"0"时记录的时间值开始计时。达到PT参数中指定的时间值时，操作数Q的信号状态将置位为"1"。当前时间值存储在操作数ET中。无论启动输入IN的信号状态如何，输入R都将复位输出ET和Q
		Q: BOOL	
		R: BOOL	
		ET: TIME	
		PT: TIME	

时间累加器指令的时序图如图 3-7 所示。

图 3-7　时间累加器指令的时序图

3.2.5　应用示例：电机星形转三角形启动

示例描述： 按下启动按钮，电机以星形启动，延时 3 分钟后电机转为三角形运行。

变量表如表 3-6 所示。

表3-6　项目变量表

注　释	符　号	地　址
定时器	T	T1
启动信号SB1	SB1	I0.0
停止信号SB2	SB2	I0.1
星形运行	KM1	Q0.0
三角形运行	KM2	Q0.1

程序编写如图 3-8 所示。

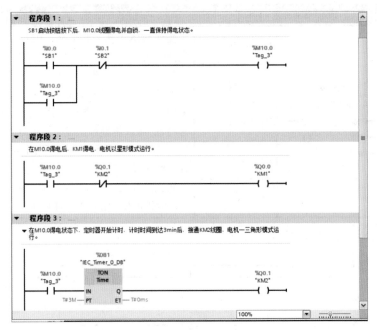

图 3-8 实例程序

3.3 计数器指令

可以使用计数器指令对内部程序事件和外部过程事件进行计数。每个计数器都使用数据块中存储的结构来保存计数器数据。用户在编辑器中放置计数器指令时会生成相应的数据块。

计数器指令有 3 种,分别是加计数器(CTU)指令、减计数器(CTD)指令,加减计数器(CTUD)指令。

3.3.1 加计数器指令

可以使用加计数器指令递增输出 CV 的值。当输入 CU 的信号状态从"0"变为"1"时,执行该指令,同时输出 CV 的当前计数器值加 1。每检测到一个信号上升沿,计数器值就会加 1,直到达到输出 CV 中所指定数据类型的上限。一旦达到上限,输入 CU 的信号状态将不再影响该指令的执行。

使用加计数器指令还可以查询输出 Q 中的计数器状态。输出 Q 的信号状态由参数 PV 决定,如果当前计数器值大于或等于参数 PV 的值,则将输出 Q 的信号状态置位为"1"。在其他任何情况下,输出 Q 的信号状态均为"0"。

当输入 R 的信号状态变为"1"时,输出 CV 的值被复位为"0"。只要输入 R 的信号状态一直为"1",输入 CU 的信号状态就不会影响该指令的执行。

加计数器指令如表 3-7 所示。

表3-7　加计数器指令

指令名称	指令符号	操作数类型	说　明
加计数器	"CTU_DB" CTU INT — CU　Q — R　CV — PV	CU: BOOL R: BOOL PV: 整数 Q: BOOL CV: 整数	当参数CU的值从0变为1时，加计数器会使计数值加1。如果参数CV（当前计数值）的值大于或等于参数PV（预设定数值）的值，则计数器输出参数Q = 1。如果复位参数R的值从0变为1，则当前计数值CV清除为0

加计数器指令的时序图如图 3-9 所示（PV=3）。

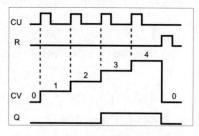

图 3-9　加计数器指令的时序图

3.3.2　减计数器指令

可以使用减计数器指令递减输出 CV 的值。当输入 CD 的信号状态从"0"变为"1"时，执行该指令，同时输出 CV 的当前计数器值减 1。每检测到一个信号上升沿，计数器值就会减 1，直到达到指定数据类型的下限为止。一旦达到下限，输入 CD 的信号状态将不再影响该指令的执行。

使用减计数器指令还可以查询输出 Q 中的计数器状态。如果当前计数器值小于或等于"0"，则 Q 输出的信号状态将置位为"1"。在其他任何情况下，输出 Q 的信号状态均为"0"。

当输入 LD 的信号状态变为"1"时，将输出 CV 的值设置为参数 PV 的值。只要输入 LD 的信号状态一直为"1"，减计数器指令如表 3-8 所示，则输入 CD 的信号状态就不会影响该指令的执行。

表3-8　减计数器指令

指令名称	指令符号	操作数类型	说　明
减计数器	"CTD_DB" CTD INT — CD　Q — LD　CV — PV	CD:BOOL LD:BOOL PV:整数 Q:BOOL CV:整数	当参数CD的值从0变为1时，减计数器会使计数值减1，直到下限值−32768。如果参数CV（当前计数值）的值等于或小于0，那么计数器输出参数Q = 1；如果参数LD的值从0变为1，那么参数PV的值将作为新的CV（当前计数值）装载到计数器中

减计数器指令的时序图如图 3-10 所示（PV=3）。

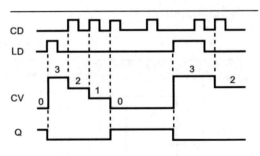

图 3-10 减计数器指令的时序图

3.3.3 加减计数器指令

可以使用加减计数器指令递增和递减输出 CV 的计数器值。如果输入 CU 的信号状态从"0"变为"1"（信号上升沿），则当前计数器值加 1 并存储在输出 CV 中；如果输入 CD 的信号状态从"0"变为"1"（信号上升沿），则输出 CV 的计数器值减 1；如果在一个程序周期内，输入 CU 和 CD 都出现信号上升沿，则输出 CV 的当前计数器值保持不变。

计数器值可以一直递增，直到达到输出 CV 指定数据类型的上限。一旦达到上限，即使出现信号上升沿，计数器值也不再递增。一旦达到指定数据类型的下限，计数器值便不再递减。

当输入 LD 的信号状态变为"1"时，将输出 CV 的计数器值置位为参数 PV 的值。只要输入 LD 的信号状态一直为"1"，输入 CU 和 CD 的信号状态就不会影响该指令的执行。

当输入 R 的信号状态变为"1"时，计数器值将置位为"0"。只要输入 R 的信号状态一直为"1"，输入 CU、CD 和 LD 信号状态的改变就不会影响加减计数指令的执行。

使用加减计数器指令可以在 QU 输出中查询加计数器的状态。如果当前计数器值大于或等于参数 PV 的值，则输出 QU 的信号状态将置位为"1"。在其他任何情况下，输出 QU 的信号状态均为"0"。

使用加减计数器指令可以在 QD 输出中查询减计数器的状态。如果当前计数器值小于或等于"0"，则 QD 输出的信号状态将置位为"1"。在其他任何情况下，输出 QD 的信号状态均为"0"。

加减计数器指令如表 3-9 所示。

表3-9 加减计数器指令

指令名称	指令符号	操作数类型	说　明
加减计数器	"CTUD_DB"　CTUD　INT　CU　QU　CD　QD　R　CV　LD　PV	CU: BOOL	当加计数CU输入从0转换为1时，CTUD计数器将加1；当减计数CD输入从0转换为1时，CTUD计数器将减1。
		CD: BOOL	
		R: BOOL	如果参数CV的值大于或等于参数PV的值，则计数器输出参数QU = 1。
		LD: BOOL	
		PV: 整数	如果参数CV的值小于或等于0，则计数器输出参数QD = 1。
		QU: BOOL	如果参数LD的值从0变为1，则参数PV的值将作为新的CV装载到计数器中。
		QD: BOOL	
		CV: 整数	如果复位参数R的值从0变为1，则当前计数值清除为0

加减计数器指令的时序图如图 3-11 所示（PV=4）。

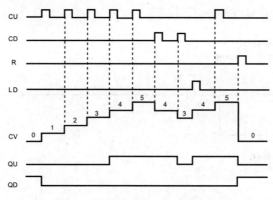

图 3-11 加减计数器指令的时序图

3.3.4 应用示例：饮料装箱程序

示例描述： 生产车间的饮料需要装箱，每过一瓶饮料，记 1 次数，装满 12 瓶时，启动打包电动机，延时一段时间后，打包完成，清零计数器，然后重新进行下一次循环。要求打包流程启动时绿灯亮，打包流程停止时红灯亮。在检修期间，可以手动复位计数器。

S1 作为启动 / 停止打包流程信号，S2 作为计数信号，S3 作为复位信号；H2 作为启动流程指示灯，H1 作为停止流程指示灯，H3 作为打包电机运行指示灯。

（1）计数逻辑图如图 3-12 所示。

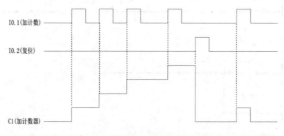

图 3-12 计数逻辑图

（2）PLC 变量表如表 3-10 所示。

表3-10 PLC变量表

符　　号	地　　址	注　　释
S1	I0.0	启动按钮
S2	I0.1	计数信号
S3	I0.2	复位按钮
H1	Q0.0	停止指示灯
H2	Q0.1	启动指示灯
H3	Q0.3	电机运行指示灯
Delay		定时器

（3）编写程序，如图 3-13 ～图 3-15 所示。

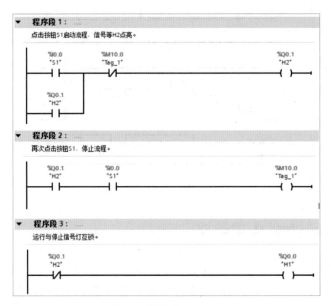

图 3-13 程序段 1，2，3

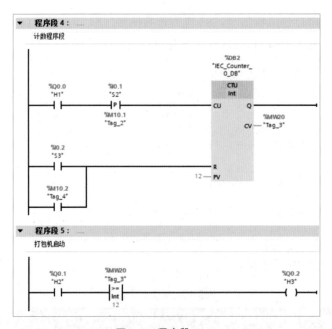

图 3-14 程序段 4，5

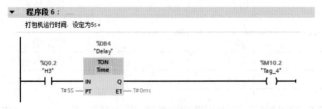

图 3-15 程序段 6

3.4 比较指令

3.4.1 指令说明

比较指令可以对数据类型相同的两个值进行比较，若比较结果符合条件，则该触点被激活。比较指令有等于、不等于、大于或等于、小于或等于、大于、小于指令，如表 3-11 所示。

表3-11 比较指令

指令名称	指令符号	操作数类型	说　明
等于	"Tag_Value1" == INT "Tag_Value2"	SINT，INT，DINT，USINT，UINT，UDINT，REAL，LREAL，STRING，CHAR，TIME，DTL，常数	如果两个值相等，则该触点被激活
不等于	"Tag_Value1" <> INT "Tag_Value2"	SINT，INT，DINT，USINT，UINT，UDINT，REAL，LREAL，STRING，CHAR，TIME，DTL，常数	如果两个值不相等，则该触点被激活
大于或等于	"Tag_Value1" >= INT "Tag_Value2"	SINT，INT，DINT，USINT，UINT，UDINT，REAL，LREAL，STRING，CHAR，TIME，DTL，常数	Value1的值大于或等于Value2的值，则该触点被激活
小于或等于	"Tag_Value1" <= INT "Tag_Value2"	SINT，INT，DINT，USINT，UINT，UDINT，REAL，LREAL，STRING，CHAR，TIME，DTL，常数	Value1的值小于或等于Value2的值，则该触点被激活
大于	"Tag_Value1" > INT "Tag_Value2"	SINT，INT，DINT，USINT，UINT，UDINT，REAL，LREAL，STRING，CHAR，TIME，DTL，常数	Value1的值大于Value2的值，则该触点被激活
小于	"Tag_Value1" < INT "Tag_Value2"	SINT，INT，DINT，USINT，UINT，UDINT，REAL，LREAL，STRING，CHAR，TIME，DTL，常数	Value1的值小于Value2的值，则该触点被激活

3.4.2 应用示例：养殖场自动清洗程序

示例描述：养殖场有一个储水箱，往水箱里注水，当水位值达到 8.0 时，停止注水，开启清洗程序，水箱开始放水，冲洗养殖场场地；当水箱水位值小于 2.0 时，冲洗完毕，继续往水箱里注水；循环进行。

编写程序如图 3-16 和图 3-17 所示。

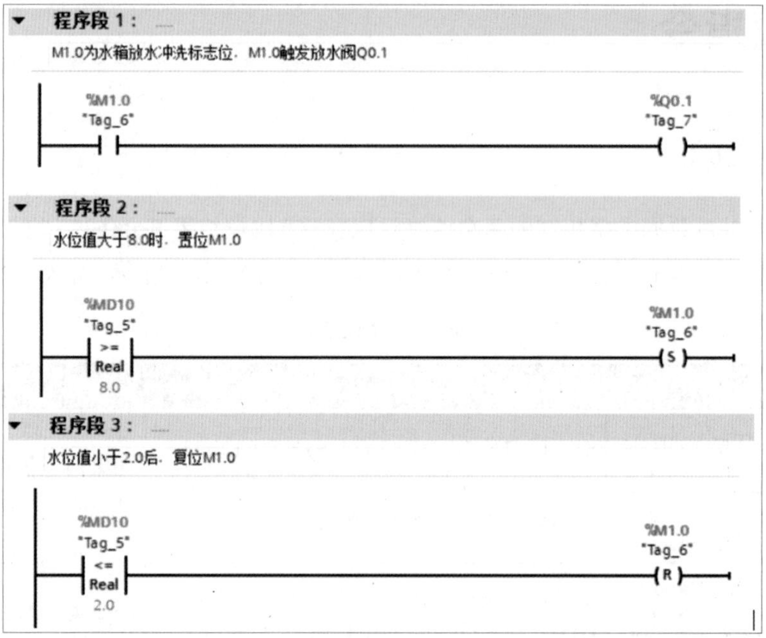

图 3-16 程序段 1、2、3

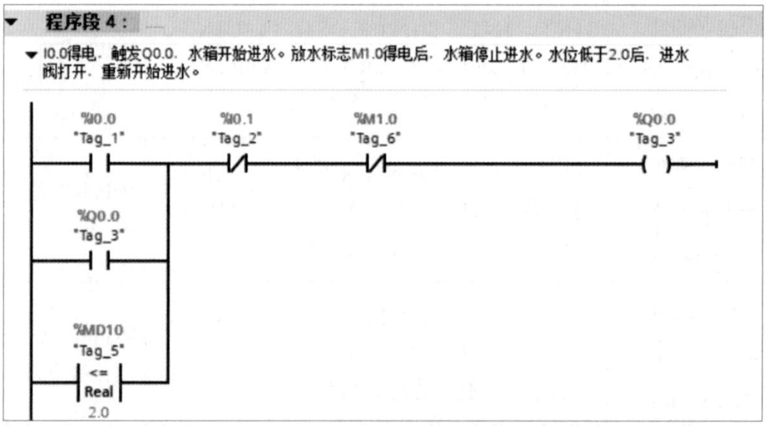

图 3-17 程序段 4

3.5 数学函数指令

数学函数指令是指具有数学运算功能的指令。根据所选的数据类型，可以组合某些函数指令以执行复杂计算。数学函数指令包括整数运算、浮点数运算、三角函数运算等。数学函数的输入和输出的数据类型必须一致，可以从指令框的"???"下拉列表中选择该指令的数据类型。

注意 一部分指令可以增加输入，单击 IN2 旁边的 ✳ 图标可以添加多个输入。

3.5.1　计算指令

可以使用计算指令定义并执行表达式。单击指令框上方的"计算器"图标可以打开一个指令对话框，在这个对话框中指定待计算的表达式。表达式可以包含输入参数的名称和指令的语法，不能指定操作数名称和操作数地址。

在初始状态下，指令框至少包含两个输入（IN1 和 IN2）。我们可以扩展输入的数目，还可以在功能框中按升序对插入的输入编号。

使用输入的值执行指定表达式，表达式中不一定会使用所有已定义的输入。计算指令的结果将传送到输出 OUT 中。

计算指令如表 3-12 所示。

表3-12　计算指令

指令名称	指令符号	操作数类型	功能说明
计算	CALCULATE ??? EN　ENO OUT := <???> IN1　OUT IN2	SINT，INT，DINT，USINT，UINT，UDINT，REAL，LREAL，BYTE，WORD，DWORD	根据输入的不同表达式可以进行不同的计算，计算结果通过OUT输出

要使用计算指令，首先选定数据类型，可以单击指令符号中 CAUCULATE 下方的"???"，在弹出的"编辑'calculate'指令"对话框（见图 3-18）中选定数据类型，然后单击计算器图标或双击 OUT 后的"???"，在其中输入要定义的数学函数。单击"确定"按钮保存函数，会将函数保存为数学计算公式。如图 3-18 所示，输入（IN1+NI2）*（IN1-IN2），表示 IN1 与 IN2 相加所得的和乘以 IN1 与 IN2 相减所得的差值，结果就是 OUT 输出的结果。

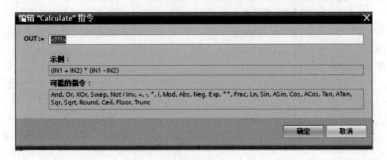

图 3-18　编辑 Calculate 指令

3.5.2　数学函数指令说明

数学函数指令具有数学运算的功能，S7-1200 数学函数指令包含整数运算、浮点数运算以及三角函数运算等。指令使用时，输入与输出的数据类型必须保持一致。数学函数指令如表 3-13 所示。

表3-13 数学函数指令

指令名称	指令符号	操作数类型	功能说明
加法、减法、乘法、除法	ADD Auto (???) EN ENO IN1 OUT IN2	IN: SINT，INT，DINT，USINT，UINT，UDINT，REAL，LREAL，常数 OUT: SINT，INT，DINT，USINT，UINT，UDINT，REAL，LREAL	ADD：加法 (IN1 + IN2 = OUT)。 SUB：减法 (IN1 − IN2 = OUT)。 MUL：乘法 (IN1 * IN2 = OUT)。 DIV：除法 (IN1 / IN2 = OUT)。 整数除法运算会去掉商的小数部分，生成整数输出
求余数	MOD Auto (???) EN ENO IN1 OUT IN2	EN：BOOL IN1：整数 IN2：整数 ENO：BOOL OUT：整数	可以使用求余数指令将输入IN1的值除以输入IN2的值，并通过输出OUT输出商的余数
取反	NEG ??? EN ENO IN OUT	EN：BOOL IN：SINT、INT、DINT、浮点数 ENO：BOOL OUT：SINT、INT、DINT、浮点数	可以使用取反指令更改输入IN中值的符号，并在输出OUT中查询结果。例如，如果输入IN为正值，则将该值改为负值并发送到输出OUT
递增	INC ??? EN ENO IN/OUT	EN：BOOL ENO：BOOL IN/OUT：整数	可以使用"递增"指令将参数IN/OUT中的操作数的值更改为下一个更大的值，并查询结果。只有当输入EN的信号状态为"1"时，才执行"递增"指令
递减	DEC ??? EN ENO IN/OUT	EN：BOOL ENO：BOOL IN/OUT：整数	可以使用"递增"指令将参数IN/OUT中的操作数的值更改为下一个更大的值，并查询结果。只有当输入EN的信号状态为"1"时，才执行"递减"指令
绝对值	ABS ??? EN ENO IN OUT	EN：BOOL ENO：BOOL IN/OUT：SINT、INT、DINT、REAL、LREAL	可以使用"绝对值"指令计算输入IN处指定的值的绝对值
取最小值	MIN ??? EN ENO IN1 OUT IN2	EN：BOOL ENO：BOOL IN/OUT：整数、浮点数、DTL、DT（日期和时间）	取最小值指令用于比较可用输入的值，并将最小的值写入输出OUT中。在指令框中可以通过其他输入来扩展输入的数量。在功能框中按升序对输入进行编号
取最大值	MAX ??? EN ENO IN1 OUT IN2	EN：BOOL ENO：BOOL IN/OUT：整数、浮点数、DTL、DT（日期和时间）	取最大值指令用于比较可用输入的值，并将最大的值写入输出OUT中。在指令框中可以通过其他输入来扩展输入的数量。在功能框中按升序对输入进行编号

（续表）

指令名称	指令符号	操作数类型	功能说明
设置限值	LIMIT ??? — EN — ENO — MN　OUT — IN — MX	EN：BOOL ENO：BOOL MN/IN/MX/OUT：整数、浮点数、TIME、TOD、DATE、DTL、DT	可以使用设置限值指令将输入IN的值限制在输入MN与MX的范围之间。如果输入IN的值满足条件MN≤IN≤MX，则将IN的值输出到OUT中；如果不满足该条件且输入IN的值低于下限MN，则将输出OUT设置为输入MN的值；如果超出上限MX，则将输出OUT设置为输入MX的值
平方	SQR ??? — EN — ENO — IN　OUT —	EN：BOOL IN：REAL/LREAL ENO：BOOL OUT：REAL/LREAL	可以使用平方指令计算输入IN的数值的平方，并将结果存储到输出OUT中
平方根	SQRT ??? — EN — ENO — IN　OUT —	EN：BOOL IN：REAL/LREAL ENO：BOOL OUT：REAL/LREAL	可以使用平方根指令计算输入IN的数值的平方根，并将结果存储输出到OUT中
对数	LN ??? — EN — ENO — IN　OUT —	EN：BOOL IN：REAL/LREAL ENO：BOOL OUT：REAL/LREAL	使用对数指令可以以e（e = 2.718282）为底计算输入I/V的值的自然对数并将计算结果存储在输出OUT中
指数	EXP ??? — EN — ENO — IN　OUT —	EN：BOOL IN：REAL/LREAL ENO：BOOL OUT：REAL/LREAL	使用指数值指令可以以e（e = 2.718282e）为底计算输入IN的值的指数，并将结果存储在输出OUT中
正弦值	SIN ??? — EN — ENO — IN　OUT —	EN：BOOL IN：REAL/LREAL ENO：BOOL OUT：REAL/LREAL	使用正弦值指令，可以计算输入角度IN的正弦值。角度大小在IN输入处以弧度的形式指定。计算结果存储在输出OUT中
余弦值	COS ??? — EN — ENO — IN　OUT —	EN：BOOL IN：REAL/LREAL ENO：BOOL OUT：REAL/LREAL	使用余弦值指令可以计算输入角度IN的余弦值。角度大小在IN输入处以弧度的形式指定。计算结果存储在输出OUT中
正切值	TAN ??? — EN — ENO — IN　OUT —	EN：BOOL IN：REAL/LREAL ENO：BOOL OUT：REAL/LREAL	使用正切值指令可以计算角度的正切值。角度大小在IN输入处以弧度的形式指定。计算结果存储在输出OUT中

（续表）

指令名称	指令符号	操作数类型	功能说明
反正弦	ASIN ??? EN ENO IN OUT	EN：BOOL IN：REAL/LREAL ENO：BOOL OUT：REAL/LREAL	使用"反正弦值"指令根据输入IN指定的正弦值，计算与该值对应的角度值。IN指定-1～+1范围内的有效值
反余弦	ACOS ??? EN ENO IN OUT	EN：BOOL IN：REAL/LREAL ENO：BOOL OUT：REAL/LREAL	根据输入IN指定的余弦值计算与该值对应的角度值。输入IN的范围是-1～+1的有效浮点数。计算出的角度值以弧度为单位，在输出OUT中输出，范围为0～+π
反正切	ATAN ??? EN ENO IN OUT	EN：BOOL IN：REAL/LREAL ENO：BOOL OUT：REAL/LREAL	根据输入IN指定的正切值计算与该值对应的角度值。输入IN中的值只能是有效的浮点数。计算出的角度值以弧度形式在输出OUT中输出，范围为-π/2～+π/2
返回小数	FRAC ??? EN ENO IN OUT	EN：BOOL IN：REAL/LREAL ENO：BOOL OUT：REAL/LREAL	可以使用返回小数指令确定输入IN的值的小数位。结果存储在输出OUT中。例如，如果输入IN的值为200.123，则输出OUT返回值0.123
取幂	EXPT ??? ** ??? EN ENO IN1 OUT IN2	EN：BOOL IN1：浮点数 IN2：整数 ENO：BOOL OUT：浮点数	该指令计算以输入IN1的值为底，以输入IN2的值为幂的结果。结果存放在输出OUT中

3.5.3 应用示例：编写模拟量运算程序

编写模拟量运算程序如图 3-19 和图 3-20 所示。

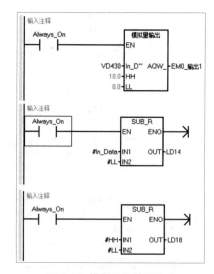

图 3-19 模拟量运算指令 1

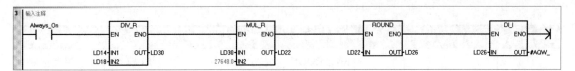

图 3-20　模拟量运算指令 2

3.6　数据移动指令

使用数据移动指令可以将数据复制到指定的存储器中去，同时可以对数据类型进行转换。数据移动指令包括移动值、块移动、移动块、不可中断的存储区移动、填充块、不可中断的存储区填充、交换字节，如表 3-14 所示。

表3-14　数据移动指令

指令名称	指令符号	操作数类型	功能说明
移动值	MOVE EN　ENO IN　OUT1	EN：BOOL ENO：BOOL IN/OUT：位字符串、整数、浮点数、定时器、日期时间、CHAR、WCHAR、STRUCT、ARRAY、IEC数据类型、PLC数据类型（UDT）	可以使用移动值指令将输入IN处操作数中的内容传送到输出OUT的操作数中。始终沿地址升序方向进行传送
块移动	MOVE_BLK EN　ENO IN　OUT COUNT	EN：BOOL IN/OUT：二进制数、整数、浮点数、定时器、DATE、CHAR、WCHAR、TOD COUNT：USINT、UINT、UDINT ENO：BOOL	可以使用块移动指令将一个存储区的数据（源范围）移动到另一个存储区中（目标范围）。使用参数COUNT可以指定将移动到目标范围中的元素个数。可通过输入IN中元素的宽度来定义元素待移动的宽度
移动块	MOVE_BLK_VARIANT EN　ENO SRC　Ret_Val COUNT　DEST SRC_INDEX DEST_INDEX	EN/ENO：BOOL SRC：VARIANT COUNT：UDINT SRC_INDEX：DINT DEST_INDEX：DINT Ret_Val：INT DEST：VARIANT	可以使用移动块指令将一个存储区的数据移动到另一个存储区中。可以将一个完整的ARRAY或ARRAY内的元素复制到另一个相同数据类型的ARRAY中。源ARRAY和目标ARRAY的大小（元素个数）可能会不同。可以复制一个ARRAY内的多个或单个元素

指令名称	指令符号	操作数类型	功能说明
不可中断的存储区移动	UMOVE_BLK EN ENO IN OUT COUNT	EN：BOOL IN/OUT：二进制数、整数、浮点数、定时器、DATE、CHAR、WCHAR、TOD COUNT：USINT、UINT、UDINT	可以将一个存储区的数据移动到另一个存储区中。该指令不可中断。使用参数COUNT可以指定将移动到目标范围中的元素个数。可通过输入IN中元素的宽度来定义元素待移动的宽度
填充块	FILL_BLK EN ENO IN OUT COUNT	EN：BOOL IN/OUT：二进制数、整数、浮点数、定时器、DATE、TOD、CHAR、WCHAR COUNT：USINT、UINT、UDINT ENO：BOOL	执行该指令时，用输入IN的值填充一个存储区域（目标范围）。从输出OUT指定的地址开始填充目标范围。可以使用参数COUNT指定复制操作的重复次数
不可中断的存储区填充	UFILL_BLK EN ENO IN OUT COUNT	EN：BOOL IN/OUT：二进制数、整数、浮点数、定时器、DATE、CHAR、WCHAR、TOD COUNT：USINT、UINT、UDINT ENO：BOOL	执行该指令时，用输入IN的值填充一个存储区域（目标范围）。从输出OUT指定的地址开始填充目标范围。可以使用参数COUNT指定复制操作的重复次数。该指令不可中断
交换字节	SWAP ??? EN ENO IN OUT	EN：BOOL IN：WORD、DWORD ENO：BOOL OUT：WORD、DWORD	可以使用"交换字节"指令更改输入IN中字节的顺序，并在输出OUT中查询结果。 示例：IN=ABCD,OUT=CDAB

3.7 移位和循环指令

3.7.1 指令说明

可以使用移位指令向左或向右逐位移动输入 IN 的内容，向左移动 n 位相当于将输入 IN 的内容乘以 2 的 n 次幂（2^n）；向右移动 n 位则相当于将输入 IN 的内容除以 2 的 n 次幂（2^n）。例如，如果将十进制值 3 的二进制数左移 3 位，将得到等价于十进制值 24 的二进制数；如果将十进制值 16 的二进制数右移 2 位，将得到等价于十进制值 4 的二进制数。

输入参数 N 的数值决定了移动相应值的位数。移位指令产生的空位将用 0 或符号位的信号状态 1（0 表示正，1 表示负）来填补。后移动的位的信号状态将装入状态字的 CC1 位中。状态字的 CC0 和 OV 位将复位为 0。我们可以使用跳转指令来判断 CC1 位。

移位和循环指令如表 3-15 所示。

表3-15 移位和循环指令

指令名称	指令符号	操作数类型	功能说明
右移	SHR ??? EN — ENO IN OUT N	EN：BOOL IN：位字符串、整数 N：USINT、UINT、UDINT ENO：BOOL OUT：位字符串、整数	可以使用"右移"指令将输入IN中操作数的内容按位向右移位，并在输出OUT中查询结果。参数N用于指定移位的位数。因移位而空出来的位用"0"填充
左移	SHL ??? EN — ENO IN OUT N	EN：BOOL IN：位字符串、整数 N：USINT、UINT、UDINT ENO：BOOL OUT：位字符串、整数	可以使用"左移"指令将输入IN中操作数的内容按位向左移位，并在输出OUT中查询结果。参数N用于指定移位的位数。因移位而空出来的位用"0"填充
循环右移	ROR ??? EN — ENO IN OUT N	EN：BOOL IN：位字符串、整数 N：USINT、UINT、UDINT ENO：BOOL OUT：位字符串、整数	可以使用"循环右移"指令将输入IN中操作数的内容按位向右循环移位，并在输出OUT中查询结果。参数N用于指定循环移位中待移动的位数。用移出的位填充因循环移位而空出的位
循环左移	ROL ??? EN — ENO IN OUT N	EN：BOOL IN：位字符串、整数 N：USINT、UINT、UDINT ENO：BOOL OUT：位字符串、整数	可以使用"循环左移"指令将输入IN中操作数的内容按位向左循环移位，并在输出OUT中查询结果。参数N用于指定循环移位中待移动的位数。用移出的位填充因循环移位而空出的位

3.7.2 应用示例：流水灯控制程序

示例描述：通过 S7-1200 PLC 控制信号灯的运行状态，按下启动按钮后，从第一个信号灯开始，每隔 1s 点亮一个，点亮下一个的同时熄灭上一个，8 个信号灯循环点亮，按下停止按钮后所有指示灯都熄灭。

此例中使用到 ROL 指令，将"1"向左循环移动。循环左移指令如图 3-21 所示。

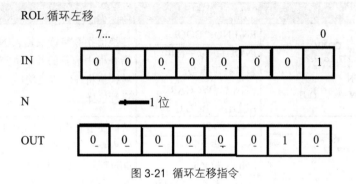

图 3-21 循环左移指令

编写程序，如图 3-22 所示。

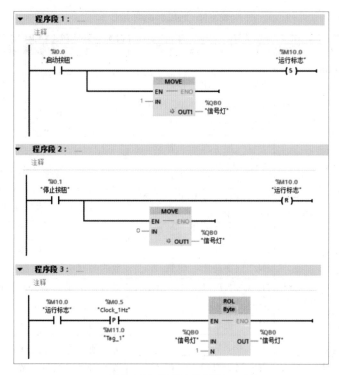

图 3-22 循环左移程序

3.8 数据转换指令

3.8.1 指令说明

数据转换指令主要用于转换数据类型。将输入数据转换为指定的数据类型，以方便后续计算使用。数据转换指令如表 3-16 所示。

表3-16 数据转换指令

指令名称	指令符号	操作数类型	功能说明
转换值	CONV ??? to ??? EN — ENO IN — OUT	EN/ENO：BOOL IN/OUT：位字符串、整数、浮点数、CHAR、WCHAR、BCD16、BCD32	转换值指令将读取输入IN的内容，并根据指令框中选择的数据类型对它进行转换。转换值将在OUT处输出。数据类型通过???进行选择
取整	ROUND Real to ??? EN — ENO IN — OUT	EN：BOOL IN：浮点数 ENO：BOOL OUT：整数、浮点数	可以使用取整指令将输入IN的值四舍五入进行取整。该指令将输入IN的值转换为一个DINT数据类型的整数。如果输入值恰好是在一个偶数和一个奇数之间，则选择偶数

指令名称	指令符号	操作数类型	功能说明
浮点数 向上取整	CEIL Real to ??? EN　　ENO IN　　OUT	IN：BOOL IN：浮点数 ENO：BOOL OUT：整数、浮点数	可以使用浮点数向上取整指令将输入IN的值向上取整为相邻整数。该指令将输入IN的值解释为浮点数并将它转换为较大的相邻整数。指令结果被发送到输出OUT中以供查询。输出值可以大于或等于输入值
浮点数 向下取整	FLOOR Real to ??? EN　　ENO IN　　OUT	EN：BOOL IN：浮点数 ENO：BOOL OUT：整数、浮点数	可以使用浮点数向下取整指令将输入IN的值向下取整为相邻整数。该指令将输入IN的值解释为浮点数，并将它向下转换为相邻的较小整数。指令结果被发送到输出OUT中以供查询。输出值可以小于或等于输入值
截尾取整	TRUNC Real to ??? EN　　ENO IN　　OUT	EN：BOOL IN：浮点数 ENO：BOOL OUT：整数、浮点数	可以使用截尾取整指令由输入IN的值得出整数。输入IN的值被视为浮点数。该指令仅选择浮点数的整数部分，并将它发送到输出OUT中，不带小数位
缩放	SCALE_X ??? to ??? EN　ENO MIN　OUT VALUE MAX	EN/ENO：BOOL MIN：整数、浮点数 VALUE：浮点数 MAX：整数、浮点数 OUT：整数、浮点数	可以使用缩放指令将输入VALUE的值映射到指定的值范围内，对该值进行缩放。当执行缩放指令时，输入VALUE的浮点值会缩放到由参数MIN和MAX定义的值范围内。缩放结果为整数，存储在输出OUT中
标准化	NORM_X ??? to ??? EN　ENO MIN　OUT VALUE MAX	EN/ENO：BOOL MIN：整数、浮点数 VALUE：整数、浮点数 MAX：整数、浮点数 OUT：浮点数	可以使用标准化指令将输入VALUE中变量的值映射到线性标尺，对它进行标准化。可以使用参数MIN和MAX 定义（应用于该标尺的）值范围的限值。输出OUT中的结果经过计算存储为浮点数，结果值取决于要标准化的值在该值范围中的位置，如果要标准化的值等于输入MIN中的值，则输出OUT 将返回值"0.0"；如果要标准化的值等于输入MAX的值，则输出OUT 需返回值"1.0"

3.8.2　应用示例：温度传感器控制

示例描述：一台 0 ～ 20mA 类型的温度传感器，其量程为 0 ～ 100℃，当温度为 100℃时电流为 20 mA，此时模拟量输入模块得到的对应数值为 0 mA 对应为 0，20 mA 对应为 27648。

计算程序可以用两种方法实现，一种方法是采用数据转换指令 NORM_X 和 SCALE_X 实现，另一种方法是用数学函数指令实现。

方法一：采用数据转换指令实现逻辑运算，如图 3-23 所示。

图 3-23 采用数据转换指令实现逻辑运算

方法二：采用数学函数指令实现逻辑运算，如图 3-24 所示。

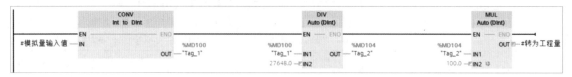

图 3-24 采用数学函数指令实现逻辑运算

3.9 字逻辑运算指令

字逻辑运算指令是对字进行逻辑运算，指令包括"与""或""非"等，是基于汇编语言而设计的一种高效逻辑运算指令，如表 3-17 所示。

表3-17 字逻辑运算指令

指令名称	指令符号	操作数类型	功能说明
与运算	**ADD** Auto (???) EN — ENO IN1 — OUT IN2 ❄	EN/ENO：BOOL IN/OUT：位字符串	可以使用与运算指令将输入IN1的值和输入IN2的值按位进行"与"运算，并在输出OUT中查询结果
或运算	**OR** ??? EN — ENO IN1 — OUT IN2 ❄	EN/ENO：BOOL IN/OUT：位字符串	可以使用或运算指令将输入IN1的值和输入IN2的值按位进行"或"运算，并在输出OUT中查询结果
异或运算	**XOR** ??? EN — ENO IN1 — OUT IN2 ❄	EN/ENO：BOOL IN/OUT：位字符串 例：IN1 1101 0101 1010 1010 IN2 1100 0000 0000 1111 OUT： 0001 0101 1010 0101	可以使用异或运算指令将输入IN1的值和输入IN2的值按位进行"异或"运算，当该逻辑运算中的两个位中有一个位的信号状态为"1"时，结果位的信号状态为"1"。如果该逻辑运算的两个位的信号状态均为"1"或"0"，则对应的结果位将复位

指令名称	指令符号	操作数类型	功能说明
取反运算	INV ??? EN — ENO IN　OUT	EN/ENO：BOOL IN/OUT：位字符串、整数 例： IN：W#16#000F OUT：W#16#FFF0	可以使用取反运算指令对输入IN的各个位的信号状态取反。在处理该指令时，输入IN的值与一个十六进制掩码（表示16位数的W#16#FFFF或表示32位数的DW#16#FFFF FFFF）进行"异或"运算，这会对各个位的信号状态进行取反，并将结果存储在输出OUT中
解码	DECO UInt to ??? EN — ENO IN　OUT	EN/ENO：BOOL IN：UINT OUT：位字符串 例： IN：3 OUT：0000 0000 0000 0000 0000 0000 0000 1000	可以使用解码指令对输入值指定的输出值中的某个位进行置位。"解码"指令读取输入IN的值，并将输出值中位号与读取值对应的那个位置位，输出值中的其他位以0填充。当输入IN的值大于31时，则将执行以32为模的指令
编码	ENCO ??? EN — ENO IN　OUT	EN/ENO：BOOL IN：位字符串 OUT：INT 例： IN：0000 0000 0000 0000 0000 0000 0000 1000 OUT：3	可以使用编码指令读取输入值中最低有效位的位号并将它发送到输出OUT中。编码指令选择输入IN值的最低有效位，并将该位号写入输出OUT的变量中
选择	SEL ??? EN　ENO G　OUT IN0 IN1	EN/ENO/G：BOOL IN/OUT：位字符串、整数、浮点数、定时器、TOD、CHAR、WCHAR、DATE 例：G：0 IN0：W#16#0000 IN1：W#16#FFFF OUT：W#16#0000	选择指令根据开关（输入G）的情况，选择输入IN0或IN1中的一个，并将其内容复制到输出OUT中。如果输入G的信号状态为"0"，则移动输入IN0的值，如果输入G的信号状态为"1"，则将输入IN1的值移动到输出OUT中
多路复用	MUX ??? EN　ENO K　OUT IN0 IN1 ELSE	EN/ENO：BOOL K：整数 IN/ELSE/OUT：二进制数、整数、浮点数、定时器、CHAR、WCHAR、TOD、DATE 例： K：1 IN0：DW#16#00000000 IN1：DW#16#003E4A7D ELSE：DW#16#FFFF0000 OUT：DW#16#003E4A7D	可以使用"多路复用"指令将选定的输入内容复制到输出OUT中。可以在指令框中扩展可选输入的编号，最多可声明32个输入。输入会在该框中自动编号，编号从IN0开始，每次新增输入后将连续递增。可以使用参数K定义要复制到输出OUT中的输入内容。如果参数K的值大于可用输入数，则参数ELSE的内容将复制到输出OUT中，并将能输出ENO的信号状态指定为"0"

（续表）

指令名称	指令符号	操作数类型	功能说明
多路分位	DEMUX ??? EN ENO K OUT0 IN OUT1 ELSE	EN/ENO：BOOL K：整数 IN/OUT/ELSE：二进制数、整数、浮点数、定时器、CHAR、WCHAR、TOD、DATE 例： K：1 IN：DW#16#FFFFFFFF OUT0：不变 OUT1：DW#16#FFFFFFFF ELSE：不变	可以使用多路分用指令将输入IN的内容复制到选定的输出中。可以在指令框中扩展选定输出的编号。在此框中自动对输出编号，编号从OUT0开始，对于每个新输出，此编号连续递增。可以使用参数K定义输入IN的内容将要复制到的输出，其他输出则保持不变。如果参数K的值大于可用的输出数目，则将输入IN的内容复制到参数ELSE中，并将能输出ENO的信号状态指定为"0"

在使用指令的过程中，一定要注意该指令支持的数据类型。

如果不熟悉指令的使用，那么可以在选中指令的前提下，按 F1 键，就会弹出该指令的详细使用说明，有一些指令说明会带有使用示例，这一功能对编程十分实用。

第 **4** 章

组织块、函数块和数据块

PLC 的运行过程是 PLC 的操作系统与用户程序的结合运行的过程。PLC 的操作系统用来组织与具体的控制任务无关的所有的 CPU 功能，而用户程序则用来处理用户编辑的逻辑结构。

S7-1200 CPU 采用块的功能将程序分成独立的一部分，自成体系。用户通过模块化的编程将复杂的自动化任务划分为专用于生产过程的子任务，每个子任务为一个独立的块。块与块之间可以相互调用，这样就实现了程序的易读性，易于查错与调试。

本章介绍 PLC 的组织块、函数块和数据块的概念，功能创建和使用。

4.1 组织块

4.1.1 组织块的概念

西门子 S7-1200 PLC 为用户提供了不同的块类型来执行自动化系统中的任务。

组织块（OB）是操作系统和用户程序之间的接口，可以通过对组织块编程来控制 PLC 的动作。组织块由操作系统调用，用组织块可以创建在特定时间执行的程序，以及响应特定事件的程序。当 CPU 启动时，循环执行用户程序，OB 可以内部调用函数块（FB）、函数（FC），并且这些 FB、FC 还可以继续向下嵌套调用 FB、FC。其中组织块 OB1 为用户程序提供基本结构，是唯一一个用户必需的代码块。如果程序中包括其他 OB，这些 OB 会中断 OB1 的执行。其他 OB 可执行特定功能，如启动任务、处理中断和错误事件或者按特定的时间间隔执行特定的程序代码。

函数块（FB）是从另一个代码块（OB、FB 或 FC）进行调用时执行的子程序。通过调用块将参数传递到 FB 中，并标识可存储特定调用数据或该 FB 实例的特定数据块（DB）。更改背景 DB 可使通用 FB 控制一组设备的运行。例如，借助包含每个泵或阀门的特定运行参数的不同背景数据块，一个 FB 可控制多个泵或阀。

函数（FC）是从另一个代码块（OB、FB 或 FC）进行调用时执行的子例程。FC 不具有相关的背景 DB。调用块将参数传递给 FC，FC 中的输出值必须写入存储器地址或全局 DB 中。

根据实际应用要求，可选择线性结构或模块化结构来创建用户程序，如图 4-1 所示。

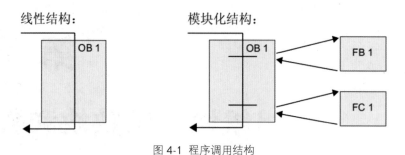

图 4-1 程序调用结构

线性程序按顺序逐条执行用于自动化任务的所有指令。通常，线性程序将所有程序指令都放入用于循环执行程序的 OB（OB1）中。

模块化程序调用可执行特定任务的特定代码块。要创建模块化结构，需要将复杂的自动化任务划分为与过程的工艺功能相对应的更小的次级任务。每个代码块都为每个次级任务提供程序段。通过从另一个块中调用其中一个代码块来构建程序。

通过创建可在用户程序中重复使用的通用代码块，可简化用户程序的设计和实现。使用通用代码块具有以下优点：

- 可为标准任务创建能够重复使用的代码块，如用于控制泵或电机的代码块；也可以将这些通用代码块存储在可由不同的应用或解决方案使用的库中。
- 将用户程序构建到与功能任务相关的模块化组件中，可使程序的设计更易于理解和管理。模块化组件不仅有助于标准化程序设计，也有助于使更新或修改程序代码更加快速和容易。
- 创建模块化组件可简化程序的调试。通过将整个程序构建为一组模块化程序段，可在开发每个代码块时测试其功能。
- 创建与特定工艺功能相关的模块化组件，有助于简化对已完成应用程序的调试，并减少调试过程中所用的时间。

4.1.2 组织块的功能

组织块为程序提供结构，充当操作系统和用户程序之间的接口。组织块的执行时机如下：

- 在 CPU 启动时。
- 循环程序处理。
- 在循环或延时时间到达时。

- 当触发外部条件时。

- 当发生故障或错误时。

OB 内部调用 FB、FC，并且这些 FB、FC 还可以继续向下嵌套调用 FB、FC。除主程序和启动 OB 以外，其他 OB 的执行是根据各种中断条件（错误、时间、硬件等）来触发的，OB 无法被 FB、FC 调用。

每个组织块都有各自的优先级，在低优先级 OB 运行过程中，高优先级 OB 的到来会打断低优先级 OB 的执行。程序循环 OB 包含用户主程序。用户程序中可包含多个程序循环 OB。RUN 模式运行期间，程序循环 OB 以最低优先级执行，可被其他各种类型的程序处理中断。启动 OB 不会中断程序循环 OB，因为 CPU 在进入 RUN 模式之前将先执行启动 OB。

完成程序循环 OB 的处理后，CPU 会立即重新执行程序循环 OB。该循环处理是用于可编程逻辑控制器的"正常"处理类型。对于许多应用来说，整个用户程序位于一个程序循环 OB 中。

此外，还可以创建其他 OB 以执行特定的功能，如处理中断和错误或以特定的时间间隔执行特定程序代码，这些 OB 会中断程序循环 OB 的执行。使用"添加新块"（Add new block）对话框在用户程序中创建新的 OB 的示例，如图 4-2 所示。

图 4-2　创建 OB 块

4.1.3　组织块的类型

按照组织块控制操作的不同，西门子 S7-1200 PLC 具有以下 7 种组织块：程序循环组织块、启动组织块、时间中断组织块、延时中断组织块、循环中断组织块、硬件中断组织块、时间错误中断组织块、诊断错误中断组织块等。某些组织块启动时，操作系统将输出启动信息，用户在编写组织块程序时，可根据这些启动信息进行相应处理。

组织块的类型如表 4-1 所示。

表4-1 组织块（OB）的类型

类　型	允许的数量	默认的优先级
程序循环（Program cycle）	≥0	1
启动OB（Startup）	≤0	1
时间中断（Time of day）**	≤2	2
延时中断（Time delay interrupt）*	≤4	OB 20：3
		OB 21：4
		OB 22：5
		OB 23：6
		OB 123 - OB 32767：3
循环中断（Cyclic interrupt）*	≤4	OB 30：8
		OB 31：9
		OB 32：10
循环中断（Cyclic interrupt）*	≤4	OB 33：11
		OB 34：12
		OB 35：13
		OB 36：14
		OB 37：16
		OB 38：17
		OB 123 - OB 32767：7
硬件中断（Hardware interrupt）	≤50	18
时间错误（Time error interrupt）	≤1	22或26
诊断中断（Diagnostic error interrupt）	≤1	5
插拔中断（Pull or plug of modules）**	≤1	6
机架或站故障（Rack or station failure）	≤1	6
状态中断（Status）**	≤1	4
更新中断（Update）**	≤1	4
配置文件中断（Profile）**	≤1	4

4.1.4 组织块的创建

创建组织块的步骤操作如下（见图 4-3）：

步骤01 在项目树的中双击"添加新块"选项，打开"添加新块"对话框。

步骤02 在该对话框中单击"组织块（OB）"选项，选择新组织块的类型。

步骤03 输入新的组织块的名称。

步骤04 输入新块的属性。若要输入新块的其他属性，则展开"其他信息"，将显示一个具有更多输入域的区域，输入所需的所有属性。若块在创建后并未打开，则勾选"新增并打开"复选框。

步骤05 单击"确定"按钮，确认输入。

图 4-3　创建组织块

　　创建的新组织块可以在项目树的"程序块"文件夹中找到。在巡视窗口或设备视图中的某些组织块创建之后，可以向它分配其他参数。组织块描述将说明新创建的组织块是否包含其他的参数。

4.2　数据块

4.2.1　数据块的概念

　　西门子 S7-1200 PLC 中数据块用于存储程序数据，分为全局数据块和背景数据块。全局数据块全局有效，即用户程序中的所有程序块都可访问全局 DB 中的数据；而背景数据块主要用作 FB 块的存储区。背景 DB 中数据的结构反映了 FB 的参数（Input、Output 和 InOut）和静态数据（FB 的临时存储器不存储在背景 DB 中）。在全局数据块中可以定义程序块中需要使用的各种数据类型的变量，如基本数据类型的变量、复杂数据类型的变量等。

> 说明　尽管背景 DB 反映特定 FB 的数据，但是任何代码块都可以访问背景 DB 中的数据。使用项目浏览器中的"程序块"下的"添加新块"对话框创建 OB、FB、FC 和全局 DB。相关代码块执行完成后，DB 中存储的数据不会被删除。

4.2.2 数据块的创建

在用户程序中创建新代码块时，需要为代码块选择编程语言，而创建 DB 数据块时，无须选择语言，因为它只用于存储数据。

1 创建数据块

所有的程序块（FB、FC 和 OB）都可以访问全局数据块中的数据。创建全局数据块的操作步骤如下（见图 4-4）。

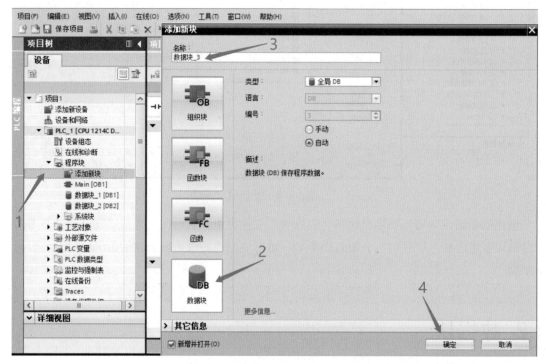

图 4-4 创建新数据块

步骤 01 在项目树中双击"添加新块"选项，将打开"添加新块"对话框。

步骤 02 在"添加新块"对话框中单击"数据块（DB）"选项，默认类型是全局数据块。如果要创建其他类型的数据块，那么用户可以进行如下选择：

- 要创建一个 ARRAY 数据块，则需在列表中选择"ARRAY DB"。

- 要创建背景数据块，则从列表中选择要为其分配背景数据块的目标函数块 FB。该列表只包含已经创建好的函数块 FB。

- 要创建基于 PLC 数据类型的数据块，则从列表中选择 PLC 数据类型。该列表只包含先前已经为 CPU 创建的 PLC 数据类型。

- 要创建基于系统数据类型的数据块，则从列表中选择系统数据类型。该列表仅包含已经插入 CPU 程序块中的那些系统数据类型。

步骤 03　输入数据块名称和属性。如果选择一个 ARRAY DB 作为数据块类型，那么需输入 ARRAY 的数据类型和上限值，此时可以在所创建块的属性窗口中更改 ARRAY 的上限值，但后续使用过程中无法再更改 ARRAY 的数据类型。如果选择包含有监视的块作为数据块类型，那么可以为监控函数指定一个 roDiag 函数块。若块在创建后并未打开，则勾选新增并打开"复选框。

步骤 04　单击"确定"按钮，确认输入。

步骤 05　数据块属性显示设置。默认情况下会有一些变量属性列未被显示出来，此时可以右击任意列标题，在弹出的快捷菜单中选择显示被隐藏的列，如图 4-5 所示。

图 4-5　数据块属性设置

2 对数据块中变量定义的所有列的说明

数据块中的列可根据需要进行显示或隐藏，显示的列数取决于 CPU 类型。表 4-2 列出了数据块中变量定义的所有列的含义。

表4-2　DB块中的列属性

列	说　明
	单击符号以移动或复制变量。例如，可以将变量拖动到程序中作为操作数
名称	变量名称
数据类型	变量的数据类型
偏移量	在非优化的数据块中，显示变量的地址
默认值	更高级别代码块接口中或PLC数据类型中变量的默认值
初始值	在启动时变量采用的值。创建数据块时，代码块中定义的默认值将用作起始值。之后即可使用实例特定的起始值替换所用的默认值
监视值	CPU中的当前数据值。只有当在线连接可用并单击"监视"按钮时，此列才会出现
快照	显示从设备加载的值
保持性	将变量标记为具有保持性。即使在关断电源后，保持性变量的值也将保留不变
在HMI工程组态中可见	显示默认情况下，该变量在HMI选择列表中是否显示
从HMI/OPC UA可访问	在运行过程中，HMI/OPC UA 是否可以访问该变量

（续表）

列	说　明
从 HMI/OPC UA可写	在运行过程中，是否可以从HMI/OPC UA 写入变量
设定值	是指在调试过程中可能需要微调的值。经过调试之后，这些变量的值可作为起始值传输到离线程序中并进行保存
监视	指示是否已为该变量的过程诊断创建监视
注释	用于说明变量的注释信息

4.2.3 数据块的访问

用户程序可以以位、字节、字或双字操作访问数据块中的数据，如图 4-6 所示，可以使用符号或绝对地址访问。在访问数据块时必须指明数据块的编号、数据类型与位置。如果访问了不存在的数据单元或者数据块，同时没有编写错误处理 OB 块，那么 CPU 将进入 STOP 模式。

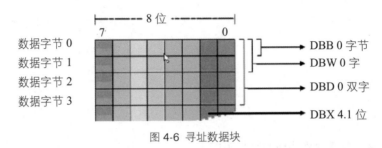

图 4-6 寻址数据块

（1）符号访问结构组成：<DB 块名>.<变量名>。例如：Data_Block_1.Var1。

（2）绝对地址访问结构组成：<DB 块号>.<变量长度及偏移量>。例如：DB1.DBX0.0，DB1.DBB0，DB1.DBW0，DB1.DBD0。

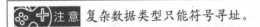 复杂数据类型只能符号寻址。

4.2.4 数据块的优化访问

西门子 S7-1200 PLC 数据块的访问模式有优化和非优化两种。可以在数据块的属性里进行设置，如图 4-7 所示。勾选"优化的块访问"可以带来更多的访问速度，并占用更小的系统资源，但这样做的代价是不再支持绝对地址访问。

图 4-7 数据块属性设置

如果取消勾选数据块的属性对话框中的"优化的块访问"复选框，则在数据块中可以看到"偏移量"列（见图 4-8），并且系统在编译之后在该列生成每个变量的地址偏移量。设置成优化访问的数据块则无此列，如图 4-9 所示。

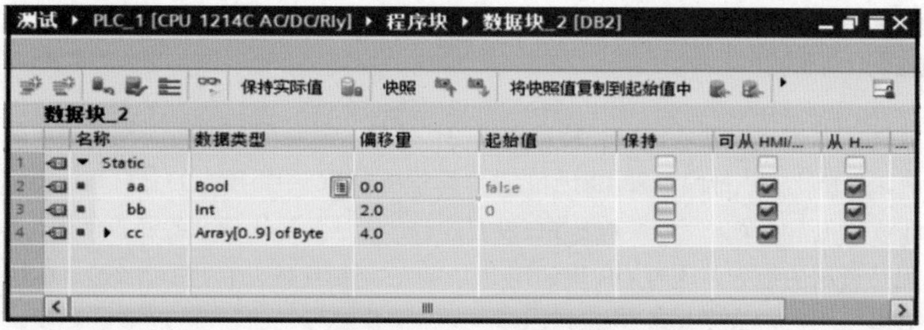

图 4-8 数据块非优化访问显示

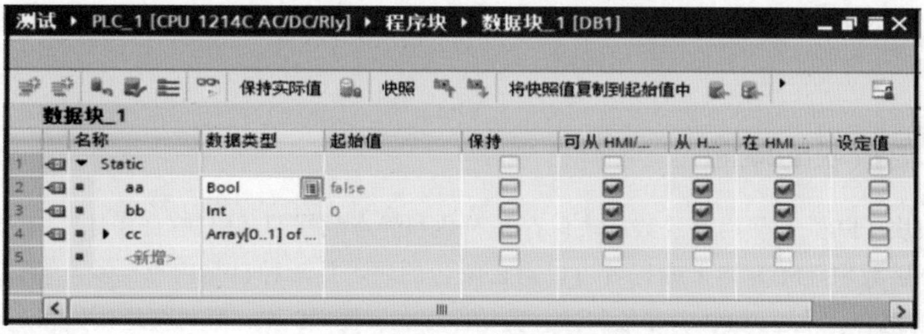

图 4-9 数据块优化访问显示

对于优化访问的数据块，其中的每个变量可以分别设置保持与否；而标准数据块仅可设置其中所有的变量保持或不保持，不能对每个变量单独设置。

另外，在编程过程中，非优化访问的数据块也会显示数据地址。如图 4-10 所示，优化的数据块 1 中只显示变量名"aa"，而未优化的数据块 2 在被调用时，除了显示变量名"aa"外，还会显示数据地址"DB2.DBX0.0"。

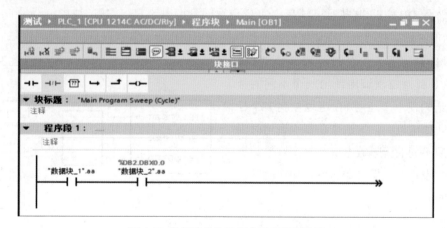

图 4-10 数据块优化访问在程序段的显示

4.3 函数和函数块

4.3.1 函数的概念

函数（FC）是对一组输入值执行特定运算的代码块，就是用户编写的程序块，是不带存储器的代码块。打个比方，把编程看作厨师做菜，编程者在 FC 中将所有的食材和调料都准备好，所有功能都按照预先的菜谱写好，但是 FC 没有灶台，无法加热这份准备好的食材，需要 OB 块给它一个加热食材的地方，这时 OB 块调用 FC，让它到指定的灶台进行烹饪，FC 块就可以将这道菜做出来。

FC 不具有相关的背景数据块（DB）。对于用于计算该运算的临时数据，FC 采用了局部数据堆栈。不保存临时数据。要长期存储数据，可将输出值赋给全局存储器位置，如 M 存储器或全局 DB。

4.3.2 函数块的概念

函数块（FB）是使用背景数据块保存其参数和静态数据的代码块。FB 是比 FC 高级一点的存在，函数块（FB）属于编程者可以自己编程的块，是一种自带内存的块，可以说 FB 是 FC+DB 的组合。传送到 FB 的参数和静态变量保存在实例 DB 中，临时变量则保存在本地数据堆栈中。执行完 FB 时，不会丢失 DB 中保存的数据，但执行完 FB 时，会丢失保存在本地数据堆栈中的数据。

函数块具有位于数据块（DB）或背景 DB 中的变量存储器。背景 DB 提供与 FB 的实例（或调用）关联的一块存储区并在 FB 完成后存储数据。可将不同的背景 DB 与 FB 的不同调用进行关联。通过背景 DB 可以使用一个通用 FB 控制多个设备。首先，通过将一个代码块对 FB 和背景 DB 进行调用来构建程序；然后，CPU 执行该 FB 中的程序代码，并将块参数和静态局部数据存储在背景 DB 中；FB 执行完成后，CPU 会返回到调用该 FB 的代码块中；背景 DB 保留该 FB 实例的值，以后在同一扫描周期或其他扫描周期中调用该函数块时就可以使用这些值。

如图 4-11 显示了 3 次调用同一个 FB 的 OB，方法是针对每次调用使用一个不同的数据块。该结构使一个通用 FB 可以控制多个相似的设备（如电机），方法是在每次调用时为各设备分配不同的背景数据块。每个背景数据块存储单个设备的数据（如速度、加速时间和总运行时间）。

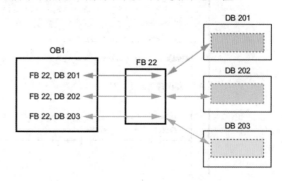

图 4-11 函数块调用架构

4.3.3 函数和函数块的区别

FC 没有独立的存储区，使用全局 DB 或 M 区；FB 使用背景数据块作为存储区。

FC 由于没有自己的存储区，因此不具有 STAT，而 TEMP 本身不能设置初始值；FB 局部变量有 STAT 和 TEMP。

本质上，FB 和 FC 的实现目的是相同的。无论何种逻辑要求，FB、FC 均可实现，只是实现方式的效率不同，这也和个人的编程习惯有关。

4.3.4 函数或函数块的创建

创建函数或函数块的操作步骤如下（见图 4-12）：

图 4-12 创建 FC 和 FB 块

步骤 01 在项目树中双击"添加新块"命令，打开"添加新块"对话框。

步骤 02 在"添加新块"对话框中单击"函数块（FB）"或"函数（FC）"选项。

步骤 03 输入新块的名称。

步骤 04 输入新块的属性。如果要输入新块的其他属性，那么展开"其他信息"，将显示一个具有更多输入域的区域，输入所需的所有属性。若块在创建后并未打开，则勾选"新增并打开"复选框。

步骤 05 单击"确定"按钮，确认输入。

第 5 章

S7–PLCSIM 仿真软件的使用

S7-PLCSIM 主要用于在不使用实际硬件的情况下调试和验证单个 PLC 程序。

S7-PLCSIM 允许用户使用所有 STEP 7 调试工具，其中包括监视表、程序状态以及在线与诊断功能等。S7-PLCSIM 还提供了其特有的工具，包括 SIM 表格和序列。

本章介绍 S7-PLCSIM 软件的使用方法。

5.1 S7-PLCSIM 软件简介

S7-PLCSIM 可与博途结合使用，用户可以在 TIA 中组态 PLC 和任何相关模块，编写应用程序逻辑，然后将硬件组态和程序下载到 S7-PLCSIM 的精简视图或项目视图中。

1 S7-PLCSIM 的安装需求

S7-PLCSIM V15 支持的操作系统与博途 V15 相同，如果已经成功安装博途 V15，那么 S7-PLCSIM V15 也应正确安装。S7-PLCSIM 软件安装对硬件的要求如表 5-1 所示。

表5-1　S7-PLCSIM V15软件安装对硬件要求

处理器	Intel® Core™ i5-6440EQ（最高 3.4 GHz）
RAM	16 GB（最低 8 GB，大型项目为 32 GB）
硬盘	SSD，至少 50 GB的可用存储空间
网络	1 Gbit（多用户）
显示器	15.6″ 全高清显示屏（1920×1080或更高）

（续表）

操作系统	Windows 7（64位）： • Windows 7 Home Premium SP1 * • Windows 7 Professional SP1 • Windows 7 Enterprise SP1 • Windows 7 Ultimate SP1
操作系统	Windows 10（64 位）： • Windows 10 Home Version 1709，1803 * • Windows 10 Professional Version 1709，1803 • Windows 10 Enterprise Version 1709，1803 • Windows 10 Enterprise 2016 LTSB • Windows 10 IoT Enterprise 2015 LTSB • Windows 10 IoT Enterprise 2016 LTSB Windows Server（64 位）： • Windows Server 2012 R2 StdE（完全安装） • Windows Server 2016 Standard（完全安装） 带*的版本仅适用于Basic系统

2　S7-PLCSIM 的安装设置

S7-PLCSIM 的安装设置独立于博途。S7-PLCSIM 必须单独进行手动安装，因为它不会作为博途安装过程的一部分自动安装。可以在同一个 PG/PC 上安装多个版本的 S7-PLCSIM，各版本彼此之间互不影响。这一点与博途相同，即可以在同一个 PG/PC 上安装多个版本的博途软件（例如，V13 和 V14）。

3　S7-PLCSIM 的用户界面

S7-PLCSIM 的用户界面包含两个主视图：精简视图和项目视图。用户可以根据使用 S7-PLCSIM 的意图来选择视图。

4　S7-1200 PLCSIM 的支持范围

S7-1200 PLCSIM 不能支持所有的仿真功能。S7-PLCSIM 的支持范围归类如下：

（1）工艺对象支持：S7-PLCSIM 目前不支持 S7-1200 任何工艺对象的仿真。

（2）指令支持：S7-PLCSIM 几乎支持仿真的 S7-1200 和 S7-1200F 的所有指令（系统函数和系统函数块），支持方式与物理 PLC 相同。S7-PLCSIM 将不支持的块视为非运行状态。

对某些指令部分支持，对于 SFC（系统函数）和 SFB（系统函数块），S7-PLCSIM 将验证输入参数并返回有效输出，但不一定是带有实际 IO 的真实 PLC 将返回的信息。

（3）通信协议支持：S7-PLCSIM 截止 V16，只支持 S7-1200(F)C 的如下通信协议：

• S7-1200 集成 PN 口和 S7-1200/1500/300/400 的基于以太网的 S7 通信。

• S7-1200 集成 PN 口和 S7-1200/1500 的 TCP/IP 通信。

- S7-1200 集成 PN 口和 S7-1200/1500 的 ISO ON TCP 通信。
- S7-1200 集成 PN 口和 WinCC 以及仿真 HMI 触摸屏的通信。

（4）其他功能：

- S7-PLCSIM 目前不支持专有技术保护块、配方、数据日志、Trace、装载存储器的读写、时间错误中断（OB80）、诊断指令、存储卡功能。
- 支持程序循环（OB1）、时间中断（OB10）、延时中断（OB20）、循环中断（OB30）、启动 OB（OB100）。
- 从 S7-PLCSIM V16 开始支持硬件中断（OB40）、诊断错误中断（OB82）、拔出或插入模块中断（OB83）、机架或站故障中断（OB86）。

5.2 精简视图和项目视图

S7-PLCSIM 的界面分为两种视图，一种是精简视图，另一种是项目视图，读者在使用 S7-PLCSIM 进行设计时需要熟悉这两种视图。

5.2.1 精简视图

精简视图包含一个小型主窗口，其中包括有限的控件和功能。以精简视图启动 S7-PLCSIM 时速度非常快。

如果要在 STEP 7（而非 S7-PLCSIM）中调试程序，则该视图将十分有用。精简视图只会占用 PC 桌面的一小部分，因此在 STEP 7 中调试程序的同时还可以打开 S7-PLCSIM。

默认情况下，S7-PLCSIM 以精简视图启动。如果要将项目视图设为默认视图，则可以在项目视图主菜单的"选项（Options）"→"设置（Settings）"下进行更改。

5.2.2 项目视图

项目视图包含 S7-PLCSIM 的全部功能，其外观与博途的用户界面非常类似。

以项目视图启动 S7-PLCSIM 或切换至项目视图时，速度要慢于以精简视图启动。这是因为 S7-PLCSIM 在项目视图启动的过程中需要整合项目视图的额外功能。

项目视图包含多个组件：

- 主菜单和主工具栏。
- 选项和设置（通过主菜单进行访问）。
- 项目树。
- 设备组态视图。
- SIM 表编辑器。

● 序列编辑器。

如果要使用 S7-PLCSIM 的全部功能（而非在 STEP 中执行调试任务）来调试程序，那么项目视图将十分有用。

5.2.3 在精简视图和项目视图之间进行切换

无论将哪种视图选作默认视图，都可以使用"切换视图"按钮轻松地在精简视图和项目视图之间进行切换，如图 5-1 所示。

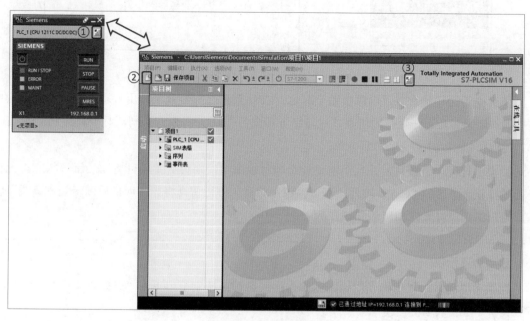

图 5-1 视图切换

切换视图时所显示的内容取决于切换时的应用程序状态，例如，仿真是否已组态、仿真是否处于运行状态以及用户使用的项目是否已打开等。如果正在使用精简视图，那么无法直接创建、保存或使用项目，因此，需要切换至项目视图来执行上述操作。

使用项目视图时也可能想要切换到精简视图，因为这样 S7-PLCSIM 便不会占用计算机屏幕过多的空间，从而能够更加高效地在博途中进行工作。

5.2.4 分离仿真和项目

对于 S7-PLCSIM V14 之前的版本，项目和运行的仿真是不可分离的。在 S7-PLCSIM V14 之后的版本，项目和仿真是分离的。不启动仿真可创建项目，未创建或打开项目也可以运行仿真。

5.2.5 启动和停止仿真

S7-PLCSIM V14 配有一个电源按钮，用于启动和停止仿真。

要启动新仿真，可从电源按钮右边的下拉列表中选择合适的 CPU 系列（见图 5-2），然后单击电源按钮以启动仿真。

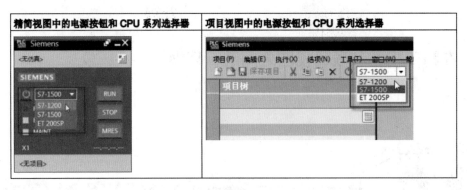

图 5-2 PLC 型号选择

仿真处于运行状态时，电源按钮呈绿色，CPU 系列选择器处于禁用状态。可以通过再次单击电源按钮来停止正在运行的仿真。这与将仿真设为"STOP"模式不同，对于真实 PLC 而言，单击电源按钮相当于打开 / 切断电源。

如果已打开一个项目，并且当前正处于项目视图中，则会更新项目树以显示该状态。无论是否已打开一个 S7-PLCSIM 项目，都可以停止仿真。停止仿真将导致项目视图转到"离线"状态，用户将无法再运行 SIM 表格或序列。

启动仿真示例

在编程界面单击"仿真"图标，在弹出的网络设备搜索窗口单击"开始搜索"按钮，然后下载设备完成仿真器的启动，如图 5-3 所示。

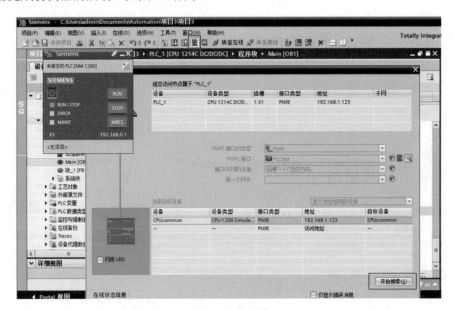

图 5-3 启动仿真

必须要在编程界面打开仿真器，不能双击桌面上的 PLCSIM，否则项目中的硬件组态信息无法上传到 PLCSIM 中的。

如果发现项目还是无法上传到 PLCSIM 中，那么只能通过在 PLCSIM 中打开工程文件的方式来导入工程，或是将 PLCSIM 电源关闭，重新下载一次程序。

5.2.6　仿真状态

有 3 种可能的仿真状态：未组态的仿真、已组态的仿真和无仿真。

1　未组态的仿真

如果已选择 PLC 系列，并单击电源按钮切换到"接通"状态，但尚未从 STEP 7 下载特定的 PLC，那么此时的仿真属于未组态的仿真。在该状态下，S7-PLCSIM 将按照下述示例的形式显示 PLC 的名称：

```
PLC_1 [SIM-1200]
PLC_1 [SIM-1500]
PLC_1 [SIM-ET200SP]
```

当想要在特定 PLC 系列环境下工作但尚未准备好使用特定的 PLC 时，可以使用未组态的仿真。

2　已组态的仿真

如果已从 STEP 7 下载了特定的 PLC，此时的仿真属于已组态的仿真。在这种情况下，将显示 PLC 的名称，例如"MyPLC [CPU 1214 DC/DC/DC]"。

3　无仿真

如果已打开应用程序但处于断电状态，那么 S7-PLCSIM 被认为处于无仿真状态。在该状态下，电源按钮呈灰色，如图 5-4 所示。

图 5-4　无仿真状态

处于无仿真状态时，仍可以在项目视图中创建项目、设置 SIM 表和使用序列编辑器。

5.2.7　仿真 PLC 与真实 PLC 之间的区别

1　差异概述

仿真 PLC 并不能完全仿真真实 PLC，仿真 PLC 与真实 PLC 的行为会存在差异。这些差异有时候存在于所有 CPU 系列中，也有时候只存在于一个 CPU 系列或特定 CPU 中。

许多系统 CPU 函数（SFC 和 SFB）用于仿真的操作是有限的。在仿真期间，依赖此函数的程序操作会发生变化。此外，与时间密切相关的程序会很难通过仿真进行调试，因为仿真时间不如真实 PLC 的时间那般准确。

2 PLCSIM 项目视图的功能

1）设备视图

PLCSIM 项目视图中的设备视图如图 5-5 所示，在这里可以直观地对 CPU 主机架模块以及 PROFIBUS DP/PROFINET IO/AS-i 的分布式 IO 给定 DI 和 AI 点，显示 DQ 和 AQ 结果。每次只能显示一个模块的所有 IO。

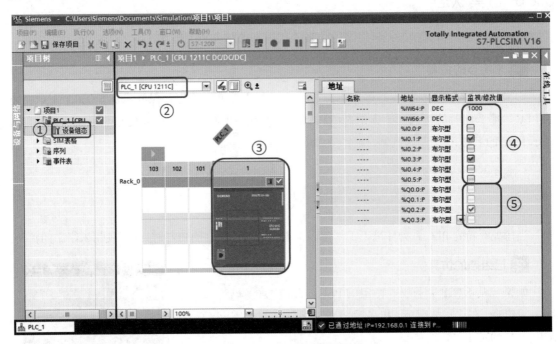

图 5-5 PLCSIM 的设备视图

设备视图说明如下：

① 在左边的项目树中展开 PLC，双击"设备组态"选项，在右边显示设备视图。

② 在这里选择机架，默认是 PLC 主机架。

③ 在这里选择需要查看或修改的 IO 模块。

④ 在这里给 DI/AI 设置值。

⑤ 在这里显示 DQ/AQ 运算结果。

2）SIM 表格

PLCSIM 项目视图的 SIM 表格如图 5-6 所示，在这里可以对 PLC 的全局变量进行修改和监视，与 PLC 的监控表不同的是，SIM 表格不可以修改和监视 DTL、字符串等复杂数据类型，但是可以对 DI、AI 进行修改和监视。此外，SIM 表格还有一些和 PLC 监控表不同的地方，见下方说明。

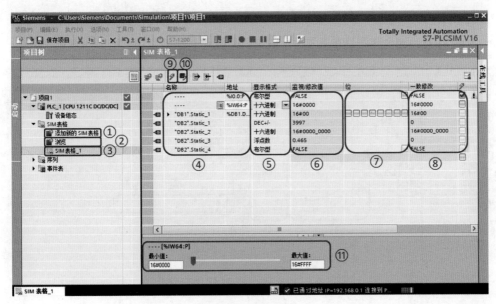

图 5-6　SIM 表格

说明:

① 在项目树中展开 SIM 表格,单击"添加新的 SIM 表格"选项,可以新建更多的 SIM 表格。

② 浏览是 PLCSIM V16 以后支持的功能,单击"浏览"选项,可以导入 PLC 的变量表及监控表。

③ 单击"SIM 表格 _x"可以在右边工作区打开指定的 SIM 表格。

④ 在这里添加变量名称或绝对地址。注意,不支持 DTL、字符串等 PLC 监控表支持的数据类型。

⑤ 在这里可以修改变量显示的数据格式。

⑥ 在这里可以执行单个变量的修改,同时显示每个变量的实际值。

⑦ 如果变量是 Bool 类型,或者是非优化的 Byte 类型,那么在这里可以设置显示变量中单个位的状态。

⑧ 如果希望几个变量能同时修改,那么就在需要同时修改的变量这里设置值,然后激活后面的"√"。

⑨ 在⑧处修改打钩完毕后,单击该按钮就可以同时修改变量。

⑩ SIM 表格默认只能修改 DI、AI 的变量,如果需要修改其他变量则需要单击该按钮。

⑪ PLCSIM V15 以后支持的功能,当选中的变量的显示格式是布尔型、十六进制、八进制、DEC、DEC+/-、浮点数时,在这里会显示控制视图:如果是布尔型,则是一个瞬动按钮;如果是十六进制、八进制、DEC、DEC+/-,则是图中所示的滑块,取值范围取决于数据类型,例如 INT 类型,若选择的是 DEC+/-,则取值范围是 -32768 ~ 32767;如果是浮点数,则也会是图中所示的滑块,取值范围为 0.0 ~ 1.0。

3）序列

PLCSIM 项目视图的序列功能如图 5-7 所示，对 PLC 全局变量根据时间序列进行值的给定。

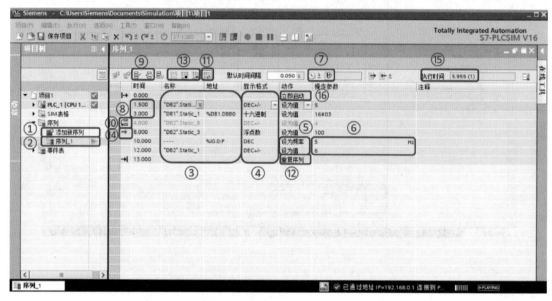

图 5-7　序列

说明：

① 在项目树中展开序列，单击"添加新序列"选项，可以新建更多的序列。

② 单击"序列 _x"选项可以在右边工作区打开指定的序列。

③ 在这里添加变量名称或绝对地址。如果该变量为优化块变量，则要求该变量必须能"可从 HMI/OPC UA 访问"，并且不支持片段访问；如果该变量为绝对地址访问，则没有上述要求。

④ 在这里可以修改变量显示的数据格式。

⑤ 在这里可以将动作设定为"设为值"，当特殊的 DI 点以脉冲输入的可以设定为"设为频率"。

⑥ 设定的值或者频率。

⑦ 设置时间的格式或单位，可以设置毫秒、秒、分钟、hh:mm:ss.ms。

⑧ 设置该步的起始时间与结束时间，以工作区中第 2 行和第 3 行为例：第 2 行这一步之前的时间为该步的起始时间，为 1.5s；第 3 行这一步之前的时间为该步的起始时间，也是上一步的结束时间，为 3s，所以第 2 行这一步总的执行时间是 3-1.5=1.5s。

⑨ 可以设置某步禁用或重新启用。

⑩ 选中该步并单击⑨处的禁用按钮，则为禁用状态。

⑪ 单击该按钮可以使整个序列往复执行。

⑫ 往复执行的序列则显示为"重复序列"，否则显示为"停止序列"。

⑬ 启动序列、暂停序列、停止序列。

⑭ 当前正在执行的步。

⑮ 当前步的执行时间，括号内为第几次的重复。

⑯ 可以设置步为"立即启动"或"触发条件"，触发条件设置如图 5-8 所示。

图 5-8　触发变量

说明：

① 设置触发变量，支持的数据类型包括位变量、位序列、整数、浮点数。只支持符号寻址的变量，并且必须使该变量能"可从 HMI/OPC UA 访问"。

② 设置触发事件，位变量支持"=True"和"=False"，位序列和整数支持"= 值""<> 值"，浮点数支持"> 值""< 值"。

③ 设置比较值。

④ 单击"确认"按钮。

⑤ 最终的触发条件。

4）事件

PLCSIM V16 增加的新功能——事件激活测试。可以通过模拟一个事件来测试程序中的诊断功能是否生效。以机架故障为例，事件设置如图 5-9 所示。

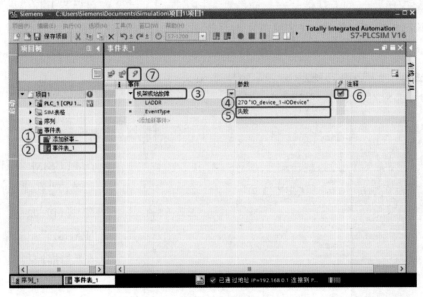

图 5-9　事件设置

说明：

① 在项目树中展开事件表，单击"添加新事件"选项，可以新建更多的事件。

② 单击"事件表 _x"选项可以在右边工作区打开指定的事件。

③ 选择需要模拟的事件，可以选择拔出或插入模块、机架或站故障、硬件中断、诊断错误中断。图中选择的是机架或站故障。

④ 根据不同的事件设置故障影响的设备的硬件标识符。图中为 IO_device_1~IODevice 这个 IO 设备。

⑤ 设置事件是故障还是错误返回。

⑥ 选中需要激活的事件。

⑦ 激活该事件后，仿真结果如图 5-10 所示，IO 设备报故障，如果有诊断指令或者在 OB86 中编写程序，就可以读取相关错误信息。

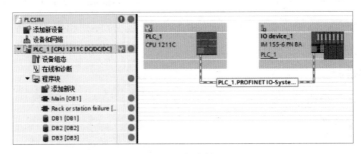

图 5-10 仿真结果

5）扫描控制

PLCSIM V16 增加的新功能——扫描控制。扫描控制可以设置运行若干扫描周期，或者运行多长时间等。扫描控制要求 PLCSIM 处于项目视图，但不要求新建仿真文件。扫描控制如图 5-11 所示。

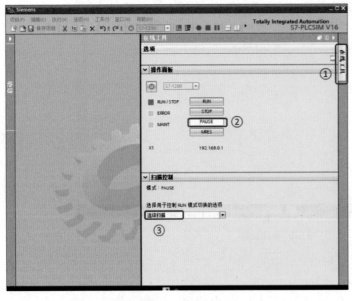

图 5-11 扫描控制

说明：

① 在 PLCSIM 项目视图最右边单击"在线工具"选项卡。

② 在操作面板中，单击"PAUSE"（即暂停）按钮。

③ 在"扫描控制"中选择模式，默认为"连续扫描"，可以选择"运行启动 OB 后暂停"或"指定扫描持续时间"，如图 5-12 和图 5-13 所示。

图 5-12 运行启动 OB 后暂停

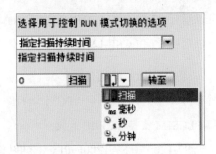

图 5-13 指定扫描持续时间

对于"运行启动 OB 后暂停",如果没有启动 OB,则重启后暂停。如果需要取消扫描控制的功能,可以将扫描控制改为连续扫描,然后单击操作面板的"RUN"(即运行)按钮。

3 仿真 PLC 与真实 PLC 之间的区别

1)IO 设备支持

S7-PLCSIM 不支持专用 IO 设备功能。仅提供 IO 寄存器的过程映像和直接访问仿真。例如,可以通过模拟量输出范围监视来查看此功能。在物理设备上,如果 STEP 7 程序将范围外的值写入模拟量输出寄存器,则模拟量模块会返回诊断错误。S7-PLCSIM 中不会发生这种情况。

2)诊断

S7-PLCSIM 不支持写入诊断缓冲区的所有错误消息。例如,S7-PLCSIM 不仿真 CPU 中与故障电池相关的消息或 EPROM 错误,但 S7-PLCSIM 可仿真大多数的 IO 和程序错误。

3)基于时间的性能

由于 S7-PLCSIM 软件运行在装有 Windows 操作系统的 PC 上,因此 S7-PLCSIM 中操作的扫描周期时间和执行时间不同于在物理硬件上执行那些操作所需的时间。这是因为 PC 的处理资源"竞争"产生了额外开销,具体开销取决于多种因素。

如果程序高度依赖执行操作所需的时间,则需注意不应仅根据 S7-PLCSIM 仿真的时间结果来评估程序。

4)受专有技术保护的块

S7-PLCSIM 不支持受专有技术或密码保护的块。在对 S7-PLCSIM 执行下载操作前,必须删除保护。

5)访问保护和复制保护

S7-PLCSIM 不会对访问保护或复制保护进行仿真。

6)仿真通信

S7-PLCSIM 支持仿真实例间的通信。实例可以是 S7-PLCSIM 仿真或 WinCC 运行系统仿真。

可以运行 S7-PLCSIM 的两个实例，而且它们之间可相互通信。

可以运行 S7-PLCSIM V1x 的一个实例和 S7-PLCSIM V5.4.6 或更高版本。

（1）仿真实例间的通信：

所有仿真实例必须在同一 PC 上运行才能相互通信。每个实例的 IP 地址都不能重复。

S7-PLCSIM 支持 TCP/IP 连接。

对于 S7-1200 和 S7-1200F PLC，可以使用 PUT/GET 和 TSEND/TRCV (T-block) 指令来仿真通信。

（2）T-block 指令和 UDP：

S7-PLCSIM 不能仿真组态为使用 UDP 协议的 T-block 连接。

（3）T-block 指令和数据分段：

S7-PLCSIM 执行 T-block 指令时，数据分段为 1024 字节，实际 CPU 的数据分段为 8192 字节。

如果在单个 TSEND 指令中发送的数据超过 1024 字节，并且在 adhoc 模式下通过 TRCV 指令接收数据，则 TRCV 指令生成的新数据只有 1024 字节。此时，必须多次执行 TRCV 指令才能接收额外的字节。

（4）T-block 指令和数据缓冲：

S7-PLCSIM 执行 T-block 指令时无须在接收 CPU 中缓冲数据。不过在 S7-PLCSIM 中，只有仿真的接收 CPU 中的程序执行 TRCV 指令后，仿真的发送 CPU 才能完成 TSEND 指令。但是，在 S7-PLCSIM 中执行 TSEND 指令时，只有接收 CPU 上的程序执行 TRCV 指令后，TSEND 指令才能完成。

（5）每个仿真的 PLC 的 IP 地址都不能重复：

如果每个仿真的 PLC 都具有相同的 IP 地址，那就无法运行多个仿真。每个仿真的 PLC 的 IP 地址都不能重复。在启动仿真之前，应确保 IP 地址在 STEP 7 中的唯一性。

7）使 LED 闪烁

可在博途的"扩展下载到设备"对话框中设置让 PLC 上的 LED 灯闪烁，但 S7-PLCSIM 无法仿真此功能，不过通过事件仿真可以使 ER 灯闪烁。

8）需要 SD 存储卡的功能

S7-PLCSIM 不会仿真 SD 存储卡，因此，不能仿真需要存储卡的 CPU 功能。例如，数据记录功能会将所有输出都写入 SD 卡，所以无法仿真数据记录功能。

9）数据日志

S7-PLCSIM 不支持数据日志。

10）配方

S7-PLCSIM 不支持使用配方。

11）Web 服务器

S7-PLCSIM 不支持 Web 服务器功能。

12）PROFIBUS

如果 STEP 7 项目中包含 PROFIBUS 元素，则 S7-PLCSIM 不会仿真 PROFIBUS 元素，但是项目中的其他部分会照常仿真。启动仿真之前，我们无须将 PROFIBUS 元素从项目中移除，只是必须注意，S7-PLCSIM 会忽略 PROFIBUS 元素。

13）F-CPU 仿真

要仿真 F-CPU，必须先在 STEP 7 项目中调整 F 参数和 F 监视时间，然后再下载到 S7-PLCSIM。这是因为基于软件的仿真和物理硬件间存在时间差。

调整 F 监视时间的操作步骤如下：

步骤 01　在 STEP 7 项目树中，右击 F-CPU，在弹出的快捷菜单中选择"属性（Properties）"命令。

步骤 02　在"属性"对话框中，导航到"故障安全"→"F 参数"→"集中式 F-I/O 的默认 F 监视时间"（Fail-Safe → F-parameter → Default F-monitoring time for central F-I/O）。

步骤 03　将 F 监视时间的默认值 150ms 调整为更高值。

步骤 04　单击"确定"（OK）按钮。

可能需要重复上述步骤，直至找到可使 F-CPU 仿真无错运行的 F 监视时间。

4 指令支持

S7-PLCSIM 支持仿真的 S7-1200 和 S7-1200F 的大多数指令，就像物理 PLC 一样。可以下载成功编译到虚拟 PLC 中的所有程序。但是，某些指令会调用仅受部分支持的 SFC（系统函数）或 SFB（系统函数块），并且仿真可能无法按预期工作。对于具有部分受支持指令的程序，S7-PLCSIM 将验证输入参数并返回有效输出，但不一定返回带有物理 IO 的实际 PLC 将返回的信息。例如，S7-PLCSIM 不支持 SIMATIC SD 存储卡，因此在执行仿真时，用于将数据保存到存储卡中的程序指令实际上不会保存任何数据。

项目开启仿真前，需要开启"块编译时开启仿真"功能，具体步骤如下：

步骤 01　在项目树中右击项目名称，在弹出的快捷菜单中选择"属性"命令，如图 5-14 所示。

图 5-14　项目快捷菜单

步骤 02 在弹出的项目窗口中单击"保护"选项卡，勾选"块编译时支持仿真"复选框，如图 5-15 所示。

图 5-15 设置仿真功能

第 6 章

以太网通信及应用示例

以太网是一种计算机局域网技术，也是应用最普遍的局域网技术。工业以太网是基于 IEEE 802.3（Ethernet）的强大的区域和单元网络。工业以太网提供的广泛应用不但已经进入办公室领域，而且还可以应用于生产和过程自动化。

本章介绍 S7-PLC 的通信接口、指令及应用示例。

6.1 PROFINET 接口简介

S7-1200 CPU 主机上集成了一个 PROFINET 通信口，支持以太网以及基于 TCP/IP 和 UDP 的通信标准。这个 PROFINET 接口是支持 10/100Mbps 的 RJ45 接口，支持电缆交叉自适应，因此一个标准的或交叉的网线都可以用这个接口。使用这个通信口可以实现 S7-1200 CPU 与其他编程设备的通信以及与 HMI 触摸屏的通信。

PROFINET 接口支持以下通信协议：

- PROFINET IO（V2.0 开始）。
- S7 通信（V2.0 开始支持客户端）。
- TCP。
- ISO on TCP。

- UDP（V2.0 开始）。
- Modbus TCP。
- HMI 通信。
- Web 通信（V2.0 开始）。

S7-1200 的连接资源支持的通信设备最大连接数量如表 6-1 所示。

表6-1 不同设备的最大连接数量

连接的资源类型	编程终端PG	人机界面HMI	GET/PUT客户端/服务器	开放式用户通信	Web浏览器
连接资源的最大数量	4	12	8	8	30

在 CPU 属性→常规→连接资源中可以看到选配 PLC 的最大连接资源数量，如图 6-1 所示。

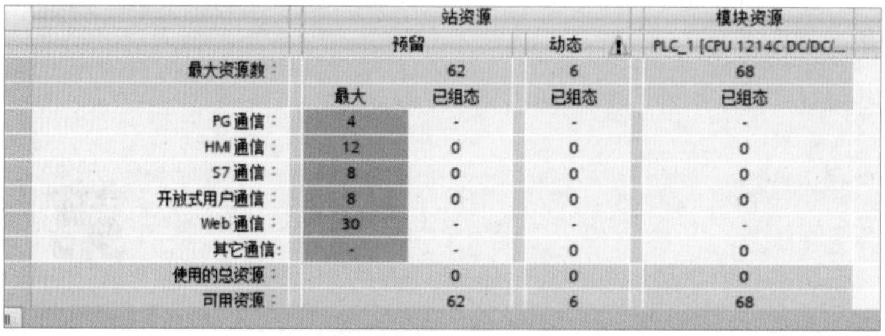

图 6-1 PLC 最大连接资源数量

资源数并不是指设备的数量，如图 6-2 和图 6-3 所示，一个 HMI 触摸屏占用的资源数是 2，这样的触摸屏最多能连接 6 台设备。

图 6-2 连接 HMI

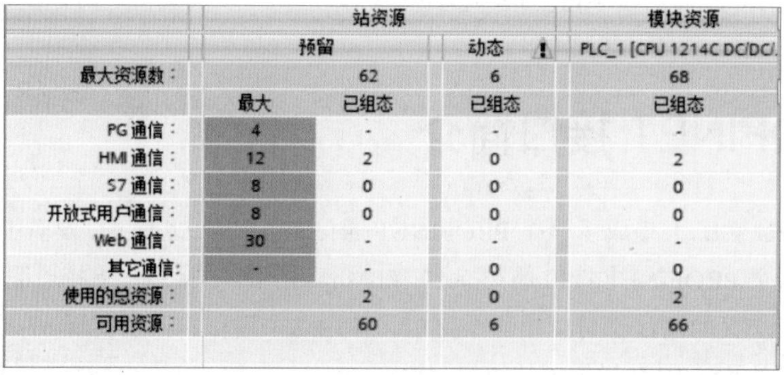

图 6-3 HMI 连接数量

6.2 PROFINET 通信

6.2.1 PROFINET 通信介绍

PROFINET 协议是开放的、标准的、实时的工业以太网标准。作为 PROFINET 的一部分，PROFINET IO 用于实现模块化、分布式应用通信。借助 PROFINET IO 可以实现一种允许所有站随时访问网络的交换技术，这样，通过多个节点的并行数据传输可以更有效地使用网络。
PROFINET IO 以交换式以太网全双工操作，基础带宽为 100Mbps。

PROFINET 的目标是：

- 基于工业以太网建立开放式自动化以太网标准。尽管工业以太网和标准以太网组件可以一起使用，但工业以太网设备更加稳定可靠，因此更适合于工业环境（温度、抗干扰等）。
- 使用 TCP/IP 和 IT 标准。
- 实现有实时要求的自动化应用。
- 全集成现场总线系统。

PROFINET IO 设备可分为 3 类，分别是 IO 控制器、IO 设备和 IO 监视器。

- PROFINET IO 控制器是运行自动化程序的控制器，用于对连接的 IO 设备进行寻址。IO 控制器与分配的现场设备进行输入和输出信号的交换。控制器可带 IO 设备的最大数量是 16 个。
- PROFINET IO 设备指分配给 IO 控制器的分布式现场设备。例如，远程 IO、阀终端、变频器和交换机。
- PROFINET IO 监控器指用于调试和诊断的编程设备、PC 或 HMI 设备。

6.2.2　PROFINET 的 3 种传输方式

PROFINET 的 3 种传输方式如下：

（1）非实时数据传输（NRT）。
（2）实时数据传输（RT）。
（3）等时实时数据传输（IRT）。

PROFINET IO 的通信方式使用的是 OSI 模型的第 1 层、第 2 层和第 7 层。支持的拓扑方式比较灵活，例如可以是总线型、星形等。

6.2.3　S7-1200 PLC PROFINET 的通信能力

S7-1200 PLC PROFINET 通信端口的通信能力如表 6-2 所示。

表6-2　S7-1200 PLC PROFINET通信端口的通信能力

CPU硬件版本	接口类型	控制器功能	智能IO设备功能	可带IO设备的最大数量
V4.0	PROFINET	√	√	16
V3.0	PROFINET	√	×	16
V2.0	PROFINET	√	×	8

注：√表示支持，×表示不支持。

6.2.4 PROFINET 通信应用示例

示例描述： 两台 S7-1200 PLC 通过 PROFINET 通信，一台为 IO 控制器，另一台为 IO 设备。IO 控制器将 QB100 中的数据写入 IO 设备的 IB100 中，将 IO 设备 QB100 中的数据读取到 IB100 中。

1 创建项目组态 PROFINET IO 控制器

打开编程软件，在 Portal 视图中单击"创建新项目"选项，在弹出的窗口中输入项目名称、路径和作者等，然后单击"创建"按钮。在新窗口中单击"组态设备"→"添加新设备"选项，弹出"添加新设备"对话框，如图 6-4 所示，在此对话框中输入设备名称"Profinet IO 控制器"，选择 CPU 的订货号和版本，然后单击"添加"按钮。

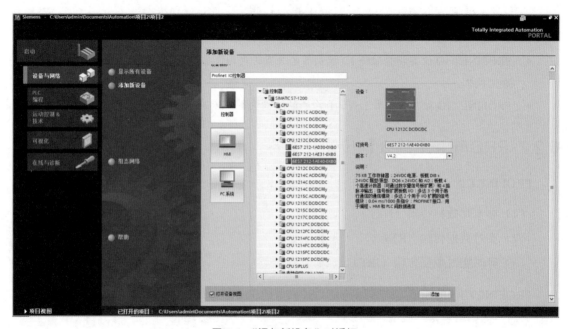

图 6-4 "添加新设备"对话框

2 设置 PROFINET IO 控制器的 CPU 属性

在设备视图窗口中，选中 CPU，依次单击巡视窗格中的"属性"→"常规"→"PROFINET 接口 [X1]"→"以太网地址"选项，将 IP 修改为"192.168.1.10"，如图 6-5 所示。

3 组态 PROFINET IO 设备的 CPU

在软件界面左侧的项目树窗口中，单击"添加新设备"选项，如图 6-6 所示。在弹出的"添加新设备"对话框中，填写设备名称"Profinet IO 设备"选择 CPU 的订货号和版本，然后单击"确定"按钮，如图 6-7 所示。

图 6-5　设置以太网地址

图 6-6　添加新设备

图 6-7　添加 CPU

4 设置 PROFINET IO 设备的 CPU 属性

在设备视图窗口中，选中 CPU，依次单击巡视窗格中的"属性"→"常规"→"PROFINET 接口 [X1]"→"以太网地址"选项，将 IP 修改为"192.168.1.11"，如图 6-8 所示。

图 6-8 设置 IO 设备的 IP 地址

5 组态 PROFITET 通信数据交换

在巡视窗格中依次单击"属性"→"常规"→"PROFINET 接口 [X1]"→"操作模式"选项，然后进行设置，如图 6-9 所示。

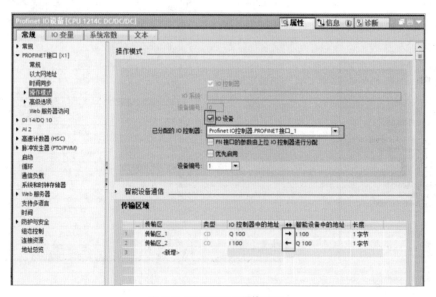

图 6-9 PROFINET 通信设置

参数的配置如下：

（1）勾选"IO 设备"复选框。

（2）在"已分配的 IO 控制器"下拉列表中选择 IO 控制器。

（3）在"传输区域"中配置传输数据。传输区域中的数据传输方向箭头可以通过单击修改。

（4）依次单击"操作模式"→"智能设备通信"→"传输区 1"，在弹出"传输区 _1"的参数配置窗口中查看传输区的数据参数的详细配置，如图 6-10 所示。

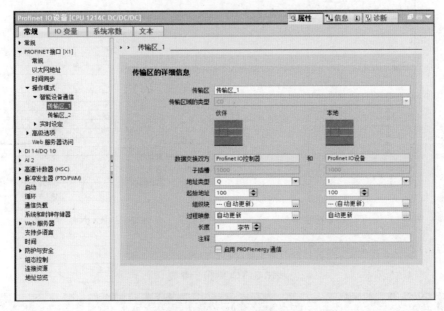

图 6-10　传输区的详细参数配置

6.3　开放式用户（TCP）通信

S7-1200 与 S7-1200 之间的以太网通信可以通过 TCP 协议来实现，即通过在双方 CPU 调用 T-block（TSEND_C，TRCV_C，TCON，TDISCON，TSEND，TRCV）指令来实现。由于通信方式为双边通信，因此 TSEND 和 TRCV 须成对出现。下面介绍 TCP 通信的相关指令。

6.3.1　TCON 指令

使用 TCON 指令可以设置并建立通信连接。设置并建立连接后，CPU 将自动持续监视该连接。TCON 为异步执行指令。

为参数 CONNECT 和 ID 指定的连接数据用于设置通信连接。要建立该连接，必须检测到参数 REQ 的上升沿。成功建立连接后，参数 DONE 将被设置为"1"。

1 调用指令

调用发送通信指令，进入"项目树"→"新项目"→"PLC_1"→"程序块"→"MainOB1"主程序中，在右侧指令窗口的"通信"→"开放式用户通信"→"其它"下调用"TCON"指令，如图 6-11 所示。TCON 指令参数如图 6-12 所示。

图 6-11 调用 TCON 指令

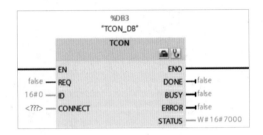

图 6-12 TCON 指令参数

TCON 指令的参数如表 6-3 所示。

表6-3 TCON指令参数

参　　数	声　明	数据类型	存　储　区	说　　明
REQ	INPUT	BOOL	I、Q、M、D、L或常量	在上升沿时，启动相应作业以建立ID所指定的连接
ID	INPUT	CONN_OUC	I、Q、M、D、L或常量	指向已分配连接的引用。 值范围：W#16#0001～W#16#0FFF
CONNECT	INOUT	TCON_Param	D	指向连接描述的指针
DONE	OUTPUT	BOOL	I、Q、M、D、L	状态参数，可具有以下值： • 0：作业尚未启动或仍在执行。 • 1：作业已执行，且无任何错误
BUSY	OUTPUT	BOOL	I、Q、M、D、L	状态参数，可具有以下值： • 0：作业尚未启动或已完成。 • 1：作业尚未完成，无法启动新作业
ERROR	OUTPUT	BOOL	I、Q、M、D、L	状态参数ERROR： • 0：无错误 • 1：出现错误
STATUS	OUTPUT	WORD	I、Q、M、D、L	指令的状态

2 BUSY、DONE、ERROR 和 STATUS 参数

使用 BUSY、DONE、ERROR 和 STATUS 参数可以检查作业的状态。参数 BUSY 表示作业正在执行。使用 DONE 参数可检查作业是否已成功执行。如果在执行"TCON"过程中出错，则将置位参数 ERROR。错误信息通过参数 STATUS 输出。

表 6-4 列出了参数 BUSY、DONE 和 ERROR 之间的关系。

表6-4　参数BUSY、DONE和ERROR之间的关系

BUSY	DONE	ERROR	说　明
1	0	0	作业正在处理
0	1	0	作业已经成功完成
0	0	1	由于出错，导致作业结束。错误原因通过参数STATUS输出
0	0	0	未分配新作业

ERROR 和 STATUS 参数的说明如表 6-5 所示。

表6-5　ERROR和STATUS参数说明

ERROR	STATUS*(W#16#...)	说　明
0	0000	已成功建立连接
0	7000	当前无作业处理
0	7001	启动作业执行，建立连接
0	7002	正在建立连接（与REQ无关）
1	8085	连接ID（ID参数）已经被已组态的连接使用
1	8086	ID参数超出了有效范围
1	8087	已达到最大连接数，无法建立更多连接
1	8089	CONNECT参数没有指向某个数据块
1	809A	集成接口不支持参数CONNECT中的结构，或长度无效，或连接描述（SDT）中指定的"InterfaceId"错误
1	809B	TCON_xxx结构中的InterfaceId元素不会引用CPU或CM/CP接口的硬件标识符，或其值为"0"
1	80A0	组错误，用于错误代码W#16#80A1和W#16#80A2
1	80A1	指定的连接或端口正在使用中
1	80A2	系统正在使用本地或者远程端口
1	80A3	正尝试重新建立现有连接
1	80A4	连接远程端点的IP地址无效，即它与本地伙伴的IP地址重复
1	80A5	连接ID已被使用
1	80A7	通信错误：在TCON完成前执行了TDISCON
1	80B2	CONNECT参数指向通过属性"仅存储在装载存储器中"生成的某个数据块
1	80B4	使用 ISO-on-TCP 协议选项（connection_type = B#16#12）建立被动连接时，违反了以下一个或两个条件： • local_tsap_id_len >= B#16#02。 • local_tsap_id[1] = B#16#E0。 • local_tsap_id_len >= B#16#03时，local_tsap_id[1]是ASCII字符。 • local_tsap_id[1]是ASCII字符，且local_tsap_id_len >= B#16#03
1	80B5	连接类型 13 = UDP 仅支持建立被动连接
1	80B6	SDT TCON_Param的connection_type 参数存在参数分配错误

（续表）

ERROR	STATUS*(W#16#...)	说　明
1	80B7	在进行连接描述的数据块中，以下某个参数错误：block_length、local_tsap_id_len、rem_subnet_id_len、rem_staddr_len、rem_tsap_id_len、next_staddr_len。 注意：如果在TCP中为被动端调用TCON，则local_tsap_id_len的值必须为2且rem_tsap_id_len的值必须为0
1	80B8	结构元素ID和块参数ID的连接描述不同
1	80C3	所有连接资源均已使用
1	80C4	临时通信错误： • 此时无法建立连接。 • 由于连接路径中防火墙的指定端口未打开，无法建立连接。 • 接口当前正在接收新参数。 • 当前TDISCON指令正在删除已组态的连接

6.3.2 TSEND 指令

1 指令说明

（1）使用"TSEND"指令，可以通过现有通信连接发送数据。TSEND 为异步执行指令，用户使用参数 DATA 指定发送区，包括要发送数据的地址和长度，待发送的数据可以使用除 BOOL 和 Array of BOOL 外的所有数据类型。

（2）在参数 REQ 中检测到上升沿时执行发送作业。

（3）使用参数 LEN 可以指定通过一个作业发送的最大字节数。

（4）使用 TCP（流协议）传送数据时，TSEND 指令不提供有关发送到 TRCV 的数据的长度信息。

（5）使用 ISO-on-TCP（面向消息的协议）传送数据时，所发送数据的长度不仅传递给 TRCV，还必须在 TRCV 接收结束时再次接收通过 TSEND 以数据包形式发送的数据量。

● 如果接收缓冲区对于待发送数据而言过小，那么在接收结束时会发生错误。

● 如果接收缓冲区足够大，那么在接收数据包后 TRCV 会立即返回 DONE=1。

（6）在发送作业完成前不允许编辑要发送的数据。如果发送作业成功执行，则参数 DONE 将设置为"1"。参数 DONE 的信号状态"1"并不能确定通信伙伴已读取所发送的数据。

TSEND 指令如图 6-13 所示。

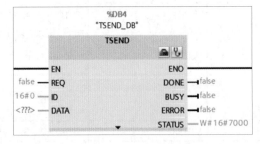

图 6-13 TSEND 指令

TSEND 指令的参数如表 6-6 所示。

表6-6　TSEND指令参数

参　数	声　明	数据类型	存　储　区	说　明
REQ	INPUT	BOOL	I、Q、M、D、L或常量	在上升沿启动发送作业
ID	INPUT	CONN_OUC	I、Q、M、D、L或常量	引用由TCON建立的连接。 值范围：W#16#0001～W#16#0FFF
LEN	INPUT	UINT	I、Q、M、D、L或常量	要通过作业发送的最大字节数
DATA	INOUT	VARIANT	I、Q、M、D	指向发送区的指针，该发送区包含要发送数据的地址和长度。该地址引用： • 输入的过程映像。 • 输出的过程映像。 • 位存储器。 • 数据块。 传送结构时，发送端和接收端的结构必须相同
DONE	OUTPUT	BOOL	I、Q、M、D、L	状态参数，可具有以下值： • 0：作业尚未启动，或仍在执行过程中。 • 1：作业已经成功完成
BUSY	OUTPUT	BOOL	I、Q、M、D、L	状态参数，可具有以下值： • 0：作业尚未启动或已完成。 • 1：作业尚未完成。无法启动新作业
ERROR	OUTPUT	BOOL	I、Q、M、D、L	状态参数，可具有以下值： • 0：无错误。 • 1：发生错误
STATUS	OUTPUT	WORD	I、Q、M、D、L	指令的状态

2 BUSY、DONE、ERROR 和 STATUS 参数

使用 BUSY、DONE、ERROR 和 STATUS 参数可以检查作业的状态。参数 BUSY 表示作业正在执行。使用参数 DONE 可以检查作业是否已成功执行完毕。如果在执行 TSEND 过程中出错，则将置位参数 ERROR。错误信息通过参数 STATUS 输出。

参数 BUSY、DONE 和 ERROR 之间的关系如表 6-7 所示。

表6-7　参数BUSY、DONE和ERROR之间的关系

BUSY	DONE	ERROR	说　明
1	0	0	作业正在处理
0	1	0	作业已经成功完成
0	0	1	由于出错，导致作业结束。错误原因通过参数STATUS输出
0	0	0	未分配新作业

3 ERROR 和 STATUS 参数

ERROR 和 STATUS 参数的说明如表 6-8 所示。

表6-8 ERROR和STATUS参数说明

ERROR	STATUS*(W#16#...)	说 明
0	0000	发送作业已完成且未出错
0	7000	未激活任何作业处理
0	7001	启动作业执行，正在发送数据。 处理该作业期间，操作系统访问DATA发送区中的数据
0	7002	作业正在执行（与REQ无关）。 处理该作业期间，操作系统访问DATA发送区中的数据
1	8085	参数LEN大于最大允许值（65536）。DATA和LEN 参数值均为"0"
1	8086	ID参数超出了允许的地址范围（1..0xFFF）
1	8088	LEN参数大于DATA中指定的区域
1	80A1	通信错误： • 尚未建立指定的连接。 • 正在终止指定的连接，无法通过此连接进行传送。 • 正在重新初始化接口
1	80B3	协议选项（连接描述信息内的参数ConnectionType）被设置为UDP。 UDP连接使用指令TUSEND
1	80C3	具有该ID的块正在一个具有不同优先级的组中处理。内部资源不足。
1	80C4	临时通信错误： • 此时无法建立与伙伴的连接。 • 接口正在接收新参数设置或正在建立连接
1	80C5	通信伙伴终止连接
1	80C6	网络错误，无法访问通信伙伴
1	80C7	执行超时

6.3.3 TRCV 指令

1 指令说明

使用指令 TRCV（见图 6-14）可以通过现有通信连接接收数据。TRCV 为异步执行指令。

参数 EN_R 设置为"1"时，启用数据接收，接收到的数据将输入接收区中。根据所用的协议选项，接收区长度通过参数 LEN 指定（如果 LEN 不等于 0），或者通过参数 DATA 的长度信息来指定（如果 LEN = 0）。接收数据时，不能更改 DATA 参数或定义的接收区以确保接收到的数据一致。

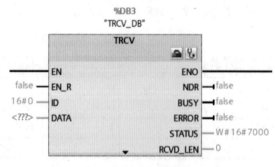

图 6-14 TRCV 指令

成功接收数据后，参数 NDR 设置为"1"。可在参数 RCVD_LEN 中查询实际接收的数据量。

2 BUSY、NDR、ERROR 和 STATUS 参数

使用 BUSY、NDR、ERROR 和 STATUS 参数可以检查作业的状态。参数 BUSY 表示作业正在执行。使用参数 NDR 可以检查作业是否已成功执行完毕。参数 ERROR 被置位，表明 TRCV 的执行过程出现了错误。错误信息通过参数 STATUS 输出。

表 6-9 列出了参数 BUSY、NDR 和 ERROR 之间的关系。

表6-9 参数BUSY、NDR和ERROR 之间的关系

BUSY	NDR	ERROR	说 明
1	–	–	作业正在处理
0	1	0	作业已经成功完成
0	0	1	由于出错，导致作业结束。错误原因通过参数STATUS输出
0	0	0	未分配新作业

ERROR 和 STATUS 参数的说明如表 6-10 所示。

表6-10 ERROR和STATUS参数说明

ERROR	STATUS*(W#16#...)	说 明
0	0000	作业已完成。在参数RCVD_LEN中输出已接收数据的当前长度
0	7000	块未做好接收准备
0	7001	块已经做好接收准备，接收作业已激活
0	7002	中间调用，接收作业正在执行。注意：处理作业期间，数据会写入接收区，此时访问接收区可能会得到不一致的数据
1	8085	参数LEN大于允许的最大值。 参数LEN或DATA的值在第一次调用后发生改变。 参数LEN和DATA的值均为"0"或LEN的长度超出了允许的最大值（65536）
1	8086	ID参数超出了允许的地址范围（1..0xFFF）
1	8088	接收区过小。参数LEN的值大于参数DATA中设置的接收区
1	80A1	通信错误： • 尚未建立指定的连接。 • 正在终止指定的连接，无法通过此连接执行接收作业。 • 正在重新初始化连接
1	80B3	协议选项（连接描述信息内的参数connection_type）被设置为UDP。UDP连接使用指令TURCV
1	80C3	具有该ID的块正在一个具有不同优先级的组中处理。内部资源不足。
1	80C4	临时通信错误： • 此时无法建立与伙伴的连接。 • 接口正在接收新参数设置或正在建立连接

（续表）

ERROR	STATUS*(W#16#...)	说　明
1	80C5	通信伙伴终止了连接
1	80C6	无法访问远程伙伴（网络错误）
1	80C7	执行超时
1	80C9	接收区的长度小于发送数据的长度

6.3.4 应用示例

硬件：

- S7-1200 CPU 两台。
- 装有 TIA 15.1 软件的计算机。
- 网线两根。

所要完成的通信任务：

- 将 PLC_1 的通信数据区 DB3 块中的 100 字节的数据发送到 PLC_2 的接收数据区 DB4 块中。
- 将 PLC_2 的通信数据区 DB3 块中的 100 字节的数据发送到 PLC_1 的接收数据区 DB4 块中。

步骤 01　创建新项目，如图 6-15 所示。

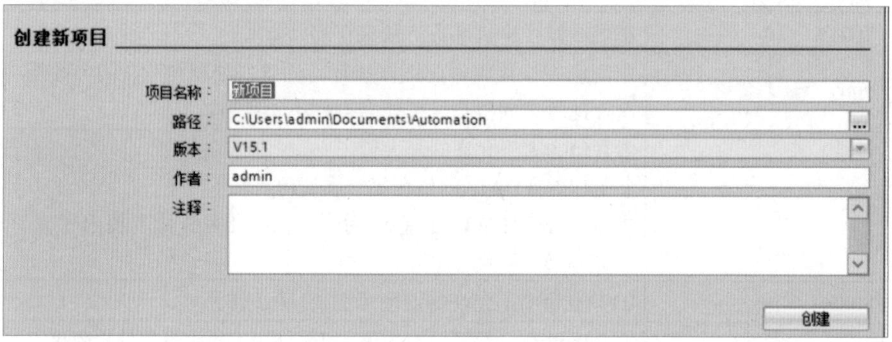

图 6-15　创建新项目

步骤 02　添加新设备。

单击"添加新设备"选项，在"添加新设备"对话框中选择 CPU1214C 并命名为 PLC_1，如图 6-16 所示。

在项目中添加另一台 PLC，在项目树中选择"新项目"→"添加新设备"选项，在"添加新设备"对话框中选择 CPU 1215C 并重命名为 PLC-2，如图 6-17 所示。

为了编程方便，可以启动时钟，方法如下：

在设备视图中选中 CPU，然后在下面的属性窗口中选择"系统和时钟存储器"，将系统存储器位定义为 MB1，时钟存储器位定义为 MB0，如图 6-18 所示。

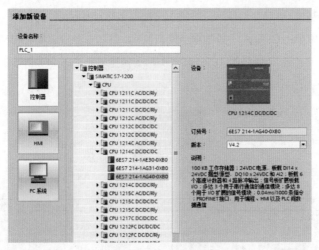

图 6-16 添加新设备

图 6-17 在项目中添加另一台设备

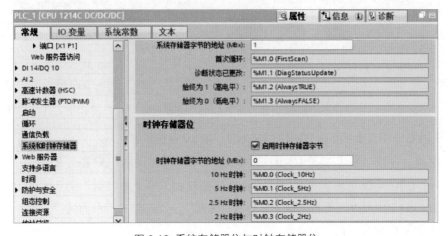

图 6-18 系统存储器位与时钟存储器位

步骤 03 配置以太网地址。

在硬件视图中单击 CPU 左下角的绿色网口符号,在下方会出现 PROFINET 接口的属性,在"以太网地址"下设置 IP 地址为 192.168.0.1,子网掩码为 255.255.255.0,如图 6-19 所示。

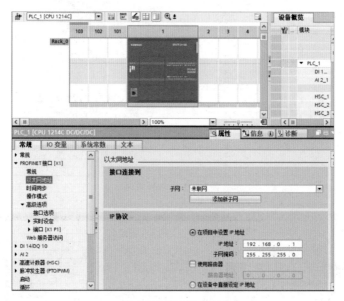

图 6-19 设置 IP 地址

用同样的方法将另一台设备的 IP 地址设置为 192.168.0.2。

步骤 04 配置 PLC 间的网络连接。

在网络视图下创建两个设备的连接。按住鼠标点中 PLC_1 上的 PROFINET 通信接口的绿色小方框,然后拖曳出一条线,连接到 PLC_2 上的 PROFINET 通信接口上,松开鼠标,连接就建立起来了,如图 6-20 所示。

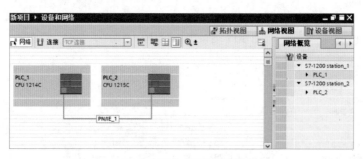

图 6-20 建立两个 CPU 的逻辑连接

步骤 05 在 PLC_1 中调用并配置 TCON、TSEND、TRCV 通信指令。

(1)在 PLC_1 的 OB1 中调用 TCON 通信指令。

在第一个 CPU 中调用发送通信指令,进入"项目树"→"新项目"→"PLC_1"→"程序块"→"MainOB1"主程序,在右侧指令窗口的"通信"→"开放式用户通信"→"其它"下调用 TCON 指令,如图 6-21 所示。

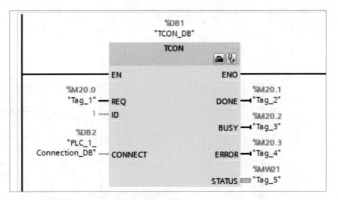

图 6-21　调用 TCON 通信指令

（2）配置连接参数，如图 6-22 所示。

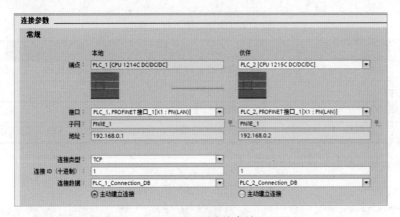

图 6-22　配置连接参数

添加函数块后会出现"连接参数"，连接参数下的伙伴、连接 ID 和连接数据为必填项，连接数据可以在下拉列表中选择"新建"，自动生成数据块 PLC-1-Connection-DB。

连接参数说明如表 6-11 所示。

表6-11　连接参数说明

端点	可以通过单击"选择"按钮选择伙伴CPU：PLC_2
接口	选择通信协议为TCP
连接ID	连接的地址ID号，这个ID号在后面的编程里会用到
连接数据	创建连接时，生成的Con_DB块
建立连接	选择本地PLC_1作为主动连接
地址信息	定义通信伙伴方的端口号为2000。如果选用的是ISO on TCP协议，则需要设定TSAP地址（ASCII形式），本地 PLC_1可以设置为PLC1，伙伴方PLC_2可以设置为PLC2

（3）定义 PLC_1 的 TSEND 发送通信块接口参数。

① 在第一个 CPU 中调用发送通信指令，进入"项目树"→"新项目"→"PLC_1"→"程序块"→"MainOB1"主程序，在右侧指令窗口的"通信"→"开放式用户通信"→"其它"下调用 TSEND 指令，如图 6-23 所示。TSEND 指令如图 6-24 所示。

图 6-23 调用 TSEND 指令

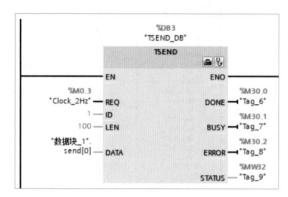

图 6-24 TSEND 指令

TSEMD 输入接口参数如表 6-12 所示。

表6-12 TSEND输入接口参数

参　　数	存储区地址	说　　明
REQ	M0.3	使用2Hz的时钟脉冲，上升沿激活发送任务
ID	1	创建连接ID
LEN	100	发送数据长度
DATA	"数据块_1".send[0]	发送数据区的数据，使用指针寻址时，DB块要选用绝对寻址

TSEND 输出接口参数如表 6-13 所示。

表6-13 TSEND输出接口参数

参　　数	存储区地址	说　　明
DONE	M30.0	任务执行完成并且没有错误，该位置1
BUSY	M30.1	该位为1，代表任务未完成，不能激活新任务
ERROR	M30.2	通信过程中有错误发生，该位置1
STATUS	MW32	有错误发生时，会显示错误信息号

② 创建并定义 PLC_1 的发送数据区 DB 块。

依次单击"项目树"→"新项目"→"PLC_1"→"程序块"→"添加新块"选项，选择"数据块"并创建 DB 块"数据块_1"，选择绝对寻址，单击"OK"按钮确认添加"数据块_1"。定义发送数据区为 100 字节的数组，如图 6-25 所示。

图 6-25 定义发送数据区为字节类型的数组

> 注意　对于双边编程通信的 CPU，如果通信数据区使用 DB 块，那么既可以将 DB 块定义成符号寻址，也可以定义成绝对寻址。若使用指针寻址方式，则必须创建绝对寻址的 DB 块。

（4）在 PLC_1 的 OB1 中调用接收指令 T_RCV 并配置基本参数。

① 创建数据块 RCV_Data 用于接收 PLC1 发出的数据，如图 6-26 所示。

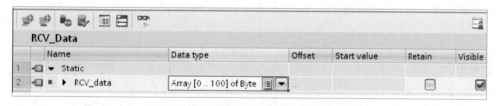

图 6-26　定义接收数据区为字节类型的数组

② 创建指令 TRCV。

在编程界面右侧的窗口中调用接收指令 TRCV，如图 6-27 所示。配置接口参数，如图 6-28 所示。

图 6-27　调用 TRCV 指令

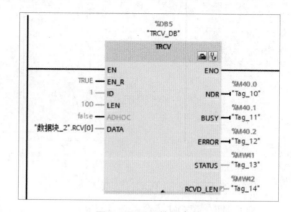

图 6-28　配置接口参数

TRCV 输入接口参数如表 6-14 所示。

表6-14　TRCV输入接口参数

参　　数	存储区地址	说　　明
EN_R	TRUE	准备好接收数据
ID	1	连接号，使用的是TCON的连接参数中的ID
LEN	100	接收数据长度为100字节
DATA	数据块2_RCV	接收数据区的地址

TRCV 输出接口参数如表 6-15 所示。

表6-15　TRCV输出接口参数

参　　数	存储区地址	说　　明
NDR	M40.0	该位为1，代表接收任务成功完成
BUSY	M40.1	该位为1，代表任务未完成，不能激活新任务
ERROR	M40.2	通信过程中有错误发生，该位置1
STATUS	MW41	有错误发生时，会显示错误信息号
RCVD_LEN	MW42	实际接收数据的字节数

> **说明** LEN 设置为 65535 时可以接收变长数据。

步骤 06 在 PLC_2 中调用并配置 TCON、TSEND、TRCV 通信指令。

（1）在 PLC_2 的 OB1 中调用 TCON 通信指令。

① 在第一个CPU中调用发送通信指令，进入"项目树"→"PLC_2"→"程序块"→"OB1"主程序，在右侧指令窗口的"通信"→"开放式用户通信"→"其它"下调用 TCON 指令，创建连接，如图 6-29 所示。

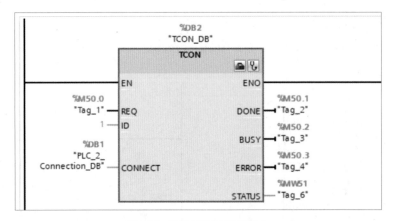

图 6-29 调用 TCON 通信指令

② 定义 PLC_2 的 TCON 连接参数。

PLC_1 的 TCON 指令的连接参数需要在指令下方的属性窗口"组态"→"连接参数"中设置，如图 6-30 所示。

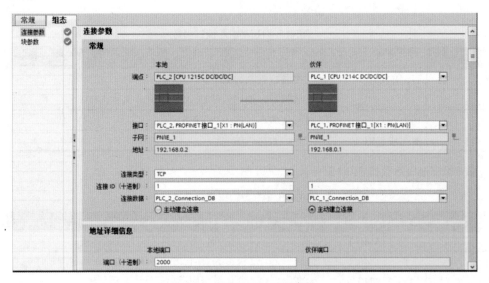

图 6-30 定义 TCON 连接参数

TCON 连接参数说明如表 6-16 所示。

表6-16　TCON连接参数

参　　数	说　　明
End point	可以通过单击选择按钮选择伙伴CPU：PLC_2
Connection type	选择通信协议为TCP（也可以选择ISO on TCP或UDP协议）
Connection ID	连接的地址ID号，这个ID号在后面的编程里会用到
Connection data	创建连接时，生成的Con_DB块
Active connection setup	选择通信伙伴PLC_1作为主动连接
Address details	定义通信伙伴方的端口号为2000。如果选用的是ISO on TCP协议，则需要设定的TSAP地址（ASCII形式），本地PLC_2可以设置成"PLC2"，伙伴方PLC_1可以设置成"PLC1"

（2）在PLC_2的OB1处调用TRCV通信指令，接收从PLC_1发送到PLC_2的100字节数据。

① 创建并定义接收数据区的DB块"数据块_1"，如图6-31所示。

	名称	数据类型	起始值	保持	可从HMI/...	从H...	在HMI...	设定值	注释
1	▼ Static			☐					
2	■ ▶ RCV	Array[0..99] ...		☐	☑	☑	☑	☐	

数据块_1

图 6-31　创建接收数据区的 DB 块

② 配置 TSEND 参数，如图 6-32 所示。

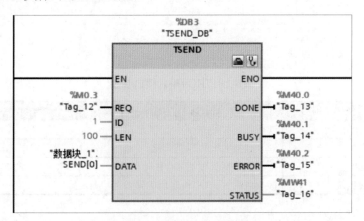

图 6-32　TSEND 块参数配置

TSEND 输入接口参数如表 6-17 所示。

表6-17　TSEND输入接口参数

参　　数	存储区地址	说　　明
REQ	M0.3	使用2Hz的时钟脉冲，上升沿激活发送任务
ID	1	连接ID号，通过TCON创建的连接
LEN	100	发送数据长度为100字节
DATA	数据块_1 SEND	发送数据区的符号地址

TSEND 输出接口参数如表 6-18 所示。

表6-18 TSEND输出接口参数

参　数	存储区地址	说　明
DONE	M50.1	任务执行完成并且没有错误，该位置1
BUSY	M50.2	该位为1，代表任务未完成，不能激活新任务
ERROR	M50.3	通信过程中有错误发生，该位置1
STATUS	MW51	有错误发生时，会显示错误信息号

（3）在 PLC_2 中调用并配置 TRCV 通信指令。

PLC_2 将发送 100 字节数据到 PLC_1 中，创建发送数据块 DB3 的方法与创建接收数据块的方法相同，不再详述。在 PLC_2 中调用发送指令并配置块参数，发送指令与接收指令使用同一个连接，如图 6-33 所示。

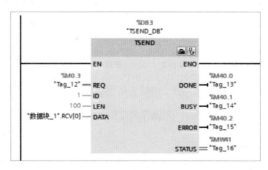

图 6-33 调用 TRCV 指令并配置块接口参数

TRCV 输入接口参数如表 6-19 所示。

表6-19 TRCV输入接口参数

参　数	存储区地址	说　明
EN_R	TRUE	准备好接收数据
ID	1	建立连接并一直保持连接
LEN	100	接收的数据长度为100字节
DATA	数据块_2 RCV	接收数据区，DB块选用的是符号寻址

TRCV 输出接口参数如表 6-20 所示。

表6-20 TRCV输出接口参数

参　数	存储区地址	说　明
DONE	M30.0	任务执行完成并且没有错误，该位置1
BUSY	M30.1	该位为1，代表任务未完成，不能激活新任务
ERROR	M30.2	通信过程中有错误发生，该位置1
STATUS	MW31	有错误发生时，会显示错误信息号
RCVD_LEN	MW32	实际接收数据的字节数

步骤 07　下载硬件组态及程序并监控通信结果。

下载两个 CPU 中的所有硬件组态及程序，从监控表中可以看到，PLC_1 的 TSEND 指令发送的数据为"66""55""44"，PLC_2 接收的数据为"66""55""44"；而 PLC_2 发送的数据为"11""22""33"，PLC_1 接收的数据为"11""22""33"，如图 6-34 所示。

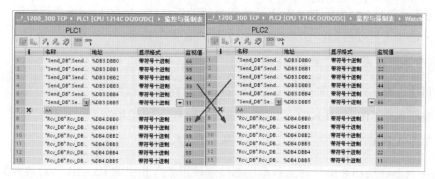

图 6-34 PLC_1 及 PLC_2 的监控表

6.4 Modbus TCP 通信

6.4.1 Modbus TCP 概述

Modbus TCP 是运行在 TCP/IP 上的报文传输协议，有了此协议，控制器之间以及控制器与其他设备之间可以通过以太网建立通信。其通信格式如表 6-21 所示。

表6-21 Modbus TCP协议的通信格式

事务处理标志	协议标识符	长 度	单元标识符	功 能 码	数 据
2字节	2字节	2字节	1字节	1字节	n字节

例如发送数据（HEX）：00 00 00 00 00 06 01 02 00 00 00 01。

数据分析：

- 00 00：事务处理标志。
- 00 00：协议标识符。
- 00 06：后面要发送的字节数。
- 01：单元标识符。
- 02：功能码。
- 00 00 00 01：数据。

6.4.2 Modbus TCP 通信的特点

Modbus TCP 通信分服务器（Server）和客户端（Client）两种模式，发出数据请求的一方为客户端，做出数据应答的一方为服务器。服务器与客户端分别类似于 Modbus RTU 从站与主站，但它们之间没有任何关系。

Modbus TCP 客户端可以支持多个 TCP 连接，连接的最大数目取决于所使用的 CPU。一个 CPU 的总连接数包括 Modbus TCP 客户端和服务器的连接数，不能超过所支持的最大连接数。Modbus TCP 连接还可以由 MB_CLIENT/MB_SERVER 实例共用。

使用多个客户端连接时，要记住以下规则：

（1）每个 MB_CLIENT 都必须使用唯一的背景数据块。

（2）对于每个 MB_CLIENT，必须指定唯一的服务器 IP 地址。

（3）每个 MB_CLIENT 都需要设定一个唯一的 ID。

Modbus TCP 通信指令的各背景数据块都必须使用各自相应的 ID。ID 与背景数据块组合成对，对于每个连接，组合对都必须唯一。根据服务器组态，可能需要也可能不需要 IP 端口的唯一编号。

主站请求：功能码 + 数据。

从站正常响应：请求功能码 + 响应数据。

6.4.3 Modbus TCP 客户端通信示例

步骤 01 调用指令。

进入"项目树"→"PLC_1"→"程序块"→"OB1"主程序中，从右侧指令窗口中依次选择"通信"→"开放式用户通信"→"其它"，调用"MB_CLIENT"指令，如图 6-35 所示。Modbus TCP 客户端侧指令块如图 6-36 所示。

图 6-35 调用通信指令

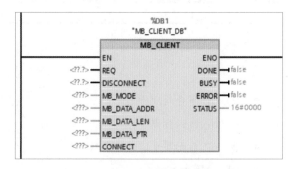

图 6-36 Modbus TCP 客户端侧指令块

该函数块各个引脚的定义如表 6-22 所示。

表6-22 MB_CLIENT 各引脚定义说明

引　脚	说　明
REQ	与服务器之间的通信请求，上升沿有效
DISCONNECT	通过该参数可以控制与Modbus TCP服务器建立或终止连接。参数值为0（默认）表示建立连接，为1表示断开连接
MB_MODE	选择Modbus请求模式（读取、写入或诊断）值为0表示读；值为1表示写

（续表）

引 脚	说 明
MB_DATA_ADDR	由MB_CLIENT指令访问的数据的起始地址
MB_DATA_LEN	数据长度，数据访问的位或字的个数
MB_DATA_PTR	指向Modbus数据寄存器的指针
CONNECT	指向连接描述结构的指针。TCON_IP_v4（S7-1200）
DONE	成功完成，立即将输出参数DONE置位为"1"
BUSY	状态位：值为0表示无正在处理的MB_CLIENT作业，值为1表示MB_CLIENT作业正在处理
ERROR	错误位：值为0表示无错误，值为1表示出现错误，错误原因可查看STATUS
STATUS	指令的状态信息

步骤 02 构建引脚 CONNECT 指针类型。

首先创建一个全局数据块 DB，然后双击生成的 DB 块，定义变量名为"data"，数据类型定义为"TCON_IP_V4"。此数据类型需要手动输入，输入完成后按 Enter 键即可保存。该数据类型附带多种参数，如图 6-37 所示。

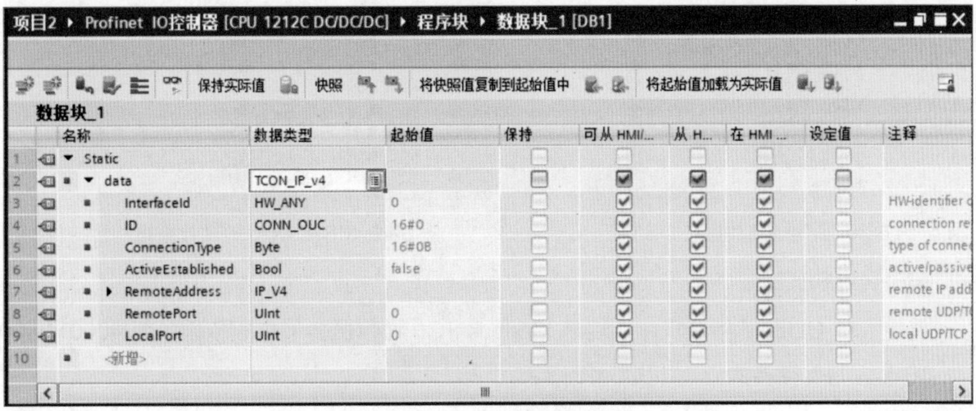

图 6-37 DB 数据块的数据类型

TCON_IP_v4 数据结构的各引脚定义说明如表 6-23 所示。

表6-23 TCON_IP_v4数据结构的引脚定义说明

引 脚	说 明
InterfaceId	硬件标识符
ID	连接ID，取值范围为1～4095
Connection Type	连接类型。TCP连接默认为16#0B
ActiveEstablished	连接类型。主动为1（客户端），被动为0（服务器）
ADDR	服务器的IP地址
RemotePort	远程端口号
LocalPort	本地端口号

本实例中服务器的 IP 地址为 192.168.1.20，端口号为 502，因此客户端的 DB 块中的设定值如图 6-38 所示。

步骤 03 创建 MB_DATA_PAR 数据缓冲区。

创建一个全局数据块 DB3，如图 6-39 所示。在数据块中建立一个数组，数据类型为 word，如图 6-40 所示。

图 6-38 MB_CLIENT 中 CONNECT 引脚数据定义

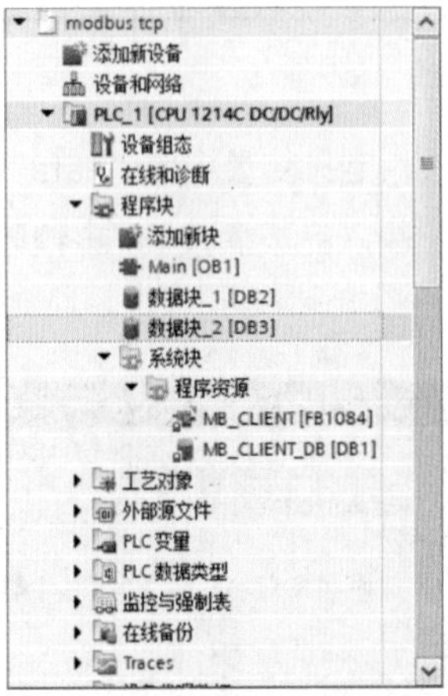

图 6-39 创建全局数据块 DB3

图 6-40 MB_DATA_PTR 数据缓冲区结构

步骤 04 编辑客户端侧指令块。

调用 MB_CLIENT 指令块，实现从 Modbus TCP 通信服务器中读取地址为 40001--40010 的 10 个保持寄存器的值，如图 6-41 所示。

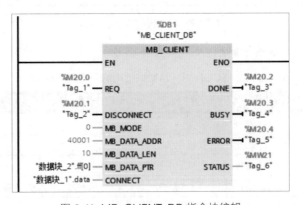

图 6-41 MB_CLIENT_DB 指令块编辑

步骤 05 将程序下载到 PLC 中，即可实现数据通信。

可以通过测试软件 Modsim 来测试通信是否正常。

注意 客户端的 ID 默认为 255，此值可以通过数据块 MB_CLIENT_DB 来修改，如图 6-42、图 6-43 所示。

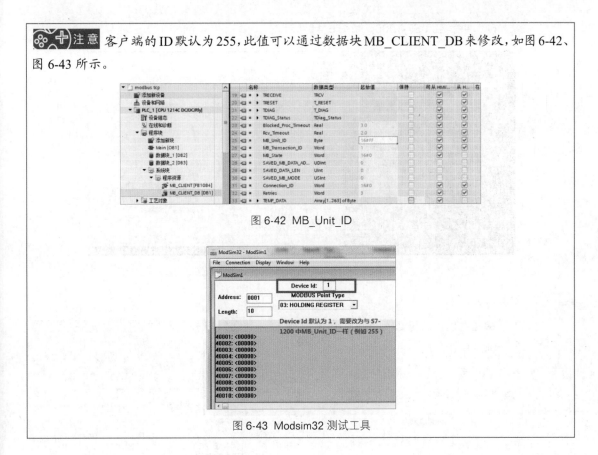

图 6-42 MB_Unit_ID

图 6-43 Modsim32 测试工具

6.5 ISO on TCP 通信

6.5.1 ISO on TCP 通信概述

ISO on TCP 协议通信除了连接参数的定义不同外，其他组态编程与 TCP 协议通信完全相同。S7-1200 CPU 包括 S7-300 若要通过 ISO on TCP 通信，则需要在双方都配置连接参数，连接对象选择"Unspecified"。

6.5.2 ISO on TCP 通信应用示例

示例要求如下：

（1）S7-1200 将 DB3 里的 100 字节的数据发送的 S7-300 的 DB2 中。

（2）S7-300 将输入数据 IB0 发送到 S7-1200 的输出数据区 QB0。

1 S7-1200 硬件组态与编程

步骤 01 使用博途 V15.1 新建一个项目。

添加硬件并命名为 S7-1200，如图 6-44 所示。

图 6-44 添加新设备

步骤 02 启动系统时钟。

为了编程方便，启用 CPU 自带
的时钟，方法如下：

在" 项 目 树 " →"S7-1200
CPU"→"属性"中，单击"属
性"选项，然后在弹出的对话框
中选择"常规"→"系统和时钟
存储器"选项，启用"系统存储
器"和"时钟存储器"。将系统
位定义在 MB1，时钟位定义在
MB0，如图 6-45、图 6-46 所示。

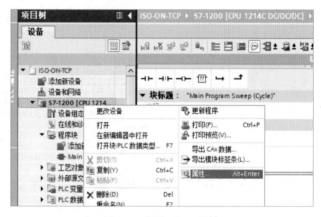

图 6-45 调出 CPU 属性

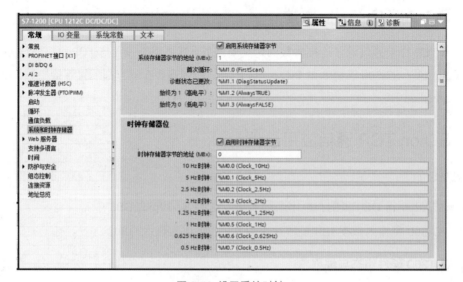

图 6-46 设置系统时钟

在编程中会用到时钟存储器 M0.3，它以 2Hz 的频率在 0 和 1 之间进行切换，可以使用它去触发发送指令。

步骤 03 设置 PROFINET 接口的通信参数。

如图 6-47 所示，将 IP 地址设置为 192.168.1.20，子网掩码设置为 255.255.255.0。

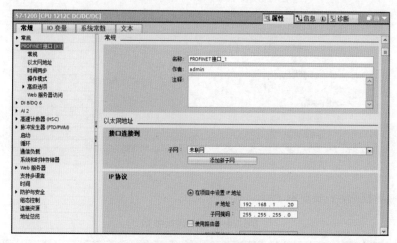

图 6-47 设置 IP 地址

步骤 04 硬件配置完成，接着就可以开始编程了。

（1）创建一个 DB 块，DB 块的数据类型选择 "TCON_Param"，如图 6-48 所示。

（2）在 OB1 中添加通信指令。在编程界面右侧选择"指令"→"通信"→"开放式用户通信"→"其它"→"TCON"，调用 TCON 通信指令，TCON 通信指令如图 6-49 所示。

图 6-48 创建 DB 块

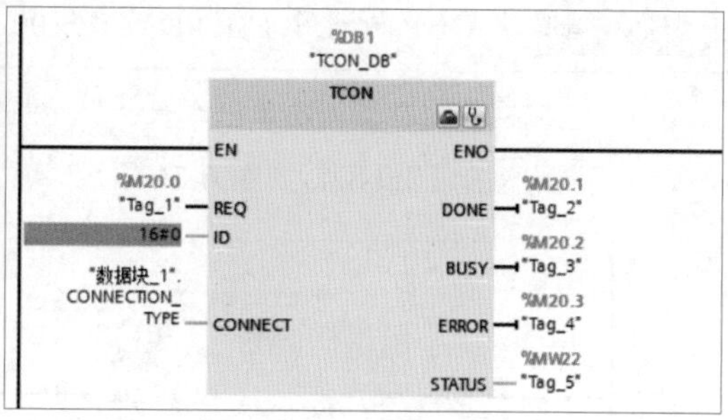

图 6-49 调用 TCON 指令

步骤 05 定义 PLC_1 的 "TCON" 连接参数。

PLC_1 的 TCON 指令的连接参数需要在指令界面下方的属性窗口中的"属性"→"组态"→"连接参数"中设置，如图 6-50 所示。

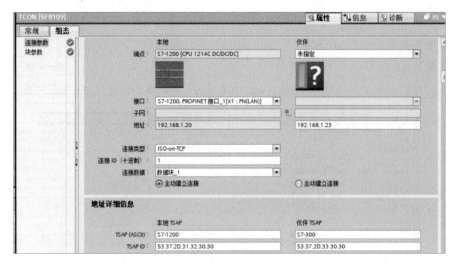

图 6-50 组态通信参数

TCON 连接参数说明如表 6-24 所示。

表6-24 TCON连接参数

参　数	说　明
End point	可以通过点击选择按钮选择伙伴CPU：PLC3
Connection type	选择通信协议为ISO on TCP（也可以选择TCP或UDP协议）
Connection ID	连接的地址ID号，这个ID号在后面的编程里会用到
Connection data	创建连接时，生成的Con_DB块
Active connection setup	选择本地PLC_1作为主动连接
Address details	定义通信伙伴方的端口号为2000；如果选用的是 ISO on TCP 协议，则需要设定TSAP地址（ASCII 形式），本地 PLC_1可以设置成"PLC1"，伙伴方Unspecified 可以设置成"PLC3"

步骤 06 定义 PLC_1 的 TSEND 发送通信块接口参数。

说明 在 OB1 内调用 TSEND 发送 100 字节的数据到 PLC2 中。

在编程界面右侧依次单击"指令"→"通信"→"开放式用户通信"→"其它"→"TSEND"，调用指令 TSEND，如图 6-51 所示。

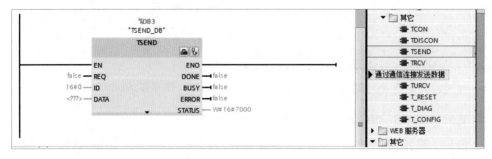

图 6-51 调用 TSEND 指令

步骤 07 创建并定义 PLC_1 的发送数据区 DB 块。

依次单击“项目树”→“PLC_1”→“程序块”→“添加新块”，选择“数据块”创建 DB 块，单击“确定”按钮，如图 6-52 所示。定义发送数据区为 100 字节的数组，如图 6-53 所示。

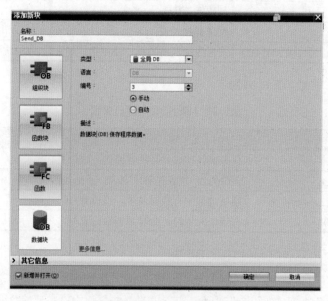

图 6-52 创建发送数据区 DB 块

Send_DB

	Name	Data type	Offset	Start value	Retain	Visible in ...
1	▼ Static					
2	▶ Send_DB	Array [0..100] of Byte	...		☑	☑
3	<Add new>				☐	☐

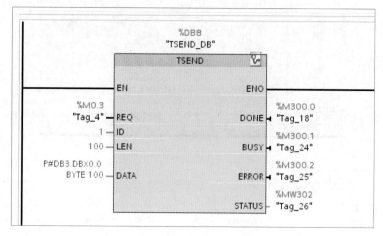

图 6-53 定义发送数据区为字节类型的数组

定义 PLC_1 的 TSEND 发送通信块接口参数，如图 6-54 所示。

图 6-54 定义 TSEND 接口参数

TSEND 输入接口参数如表 6-25 所示。

表6-25 TSEND输入接口参数

参 数	存储区地址	说 明
REQ	= M0.3	使用2Hz的时钟脉冲，上升沿激活发送任务
ID	= 1	创建连接ID
LEN	= 100	发送数据长度
DATA	= P#DB3.DBX0.0 BYTE 100	发送数据区的数据，使用指针寻址时，DB块要选用绝对寻址

TSEND 输出接口参数如表 6-26 所示。

表6-26 TSEND输出接口参数

参 数	存储区地址	说 明
DONE	: = M300.0	任务执行完成并且没有错误，该位置1
BUSY	: = M300.1	该位为1，代表任务未完成，不能激活新任务
ERROR	: = M300.2	通信过程中有错误发生，该位置1
STATUS	: = MW302	有错误发生时，会显示错误信息号

步骤 08 创建并定义 PLC_1 的接收数据区 DB 块。

依次单击"项目树"→"PLC_1"→"程序块"→"添加新块"，选择"数据块"创建 DB 块，单击"确定"按钮，如图 6-55 所示。定义接收数据区为 100 字节的数组，如图 6-56 所示。

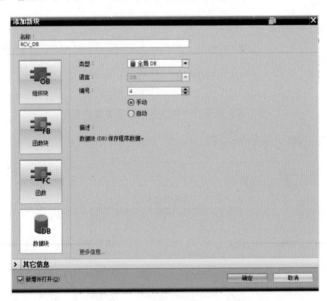

图 6-55 创建接收数据区 DB 块

图 6-56 定义接收数据区为字节类型的数组

2 S7-300 硬件组态与编程

步骤 01　使用编程软件配制硬件组态。

进入"项目窗口",在"项目树"下双击"创建新项目"选项,在弹出的对话框中定义项目名称为 test。单击"设备与网络"→"添加新设备"选项,如图 6-57 所示。

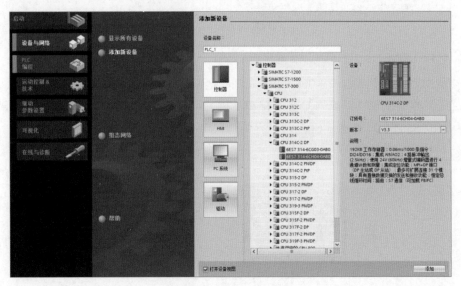

图 6-57 添加新设备

进入"设备和网络"窗口,在"硬件目录"下双击"通信模块",在弹出的下拉菜单中选择"通信模块"→"PROFINET/ 以太网"→"CP343-1"如图 6-58 所示。

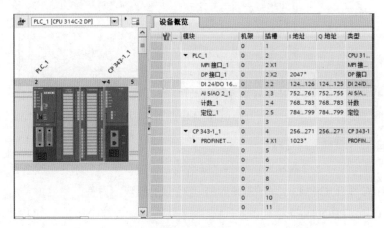

图 6-58 组态 CP 卡

为了编程方便,使用 CPU 属性中定义的时钟位,定义方法如下:

在"项目树"→"test"→"硬件组态"中,选中 CPU,然后在下面的属性窗口中依次单击"常规"→"时钟存储器",将时钟位定义在 MB0,如图 6-59 所示。

时钟位我们主要使用 M0.3,它是以 2Hz 的速率在 0 和 1 之间切换的一个位,可以使用它去自动激活发送任务。

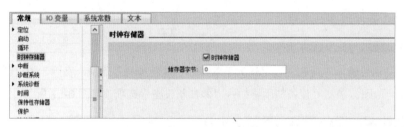

图 6-59 系统位与时钟位

步骤 02 为 PROFINET 通信口分配以太网地址。

在"设备视图"窗口中单击 CP 设备上代表 PROFINET 通信口的绿色小方块（见图 6-60），在下方会出现"以太网地址"接口的属性，分配 IP 地址为 192.168.0.1，子网掩码为 255.255.255.0，如图 6-61 所示。

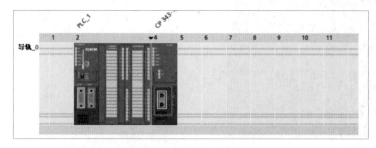

图 6-60 单击代表 PROFINET 通信口的绿色小方块

图 6-61 分配 IP 地址

步骤 03 创建 CPU 的逻辑网络连接。

在"项目树"→"设备和网络"→"网络视图"窗口下，创建两个设备的连接。按住鼠标点中 PLC_3 上 CP343-1 的 PROFINET 通信口的绿色小方框，然后拖曳出一条线，连接到 PLC_1 上的 PROFINET 通信口上，松开鼠标，连接就建立起来了，如图 6-62 所示。

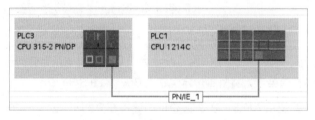

图 6-62 建立两个 CPU 的逻辑连接

步骤 04 网络组态。

打开"网络视图"配置网络，然后单击"连接（Connections）"图标，选中 CPU 在连接列表里建立新的连接并选择连接对象和通信协议，如图 6-63 所示。

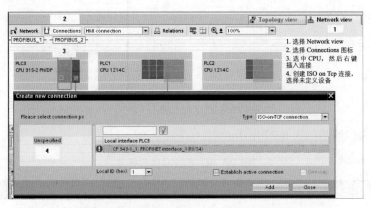

图 6-63 创建新的连接并选择 ISO-on-TCP 协议

单击"确定"按钮，详细通信参数（如 IP 地址及 TSAP 号）如图 6-64 所示。

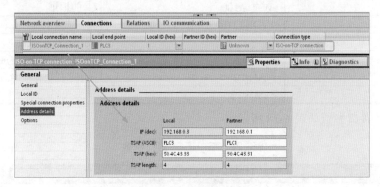

图 6-64 详细通信参数

步骤 05 配置完连接并编译存盘后，开始 S7-300 编程。

在 OB1 中，在"Instruction"→"Communication processor"→"Simatic NET CP"下调用 AG_SEND、AG_RECV 通信指令。创建发送和接收的数据块 DB3 和 DB4，并将它们定义成 100 字节的数组，如图 6-65 和图 6-66 所示。

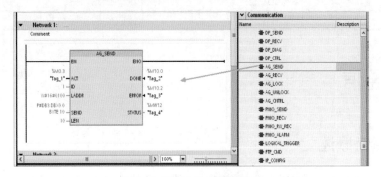

图 6-65 调用 AG_SEND 指令

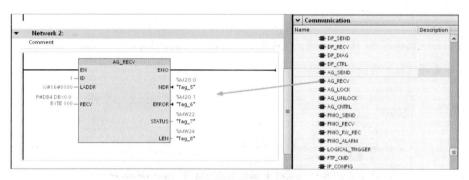

图 6-66 调用 AG_RECV 指令

AG_SEND 接口参数如表 6-27 所示。

表6-27 AG_SEND接口参数

参　数	存储区地址	说　明
CALL "AG_SEND"	DB3	调用AG_SEND
ACT	=%M0.2	为1时，激活发送任务
ID	1	连接号，要与连接配置中的一致
LADDR	=W#16#100	CP的地址
SEND	=P#DB3.DBX0.0 BYTE 10	发送数据区
LEN	10	发送数据的长度
DONE	=%M10.0	为1时表示发送完成
ERROR	=%M10.2	为1时表示有故障发生
STATUS	=%MW12	状态代码

AG_RECV 接口参数如表 6-28 所示。

表6-28 AG_RECV接口参数

参　数	存储区地址	说　明
CALL "AG_RECV"	DB4	调用AG_RECV
ID	=1	连接号，要与连接配置列表中的一致
LADDR	=W#16#100	CP的地址
RECV	=P#DB4.DBX 0.0 BYTE 100	接收数据区
NDR	=%M20.0	为1时表示接收到新数据
ERROR	=%M20.1	为1时表示有故障发生
STATUS	=%MW22	状态代码
LEN	=%MW24	接收到的实际数据长度

6.6　S7 通信

6.6.1　S7 通信概述

S7 通信是西门子自己定义的一种通信协议，是一种基于以太网并与西门子 S7 系列 PLC 通信的开源协议库。S7 通信支持 S7-200、S7-200 Smart、S7-300、S7-400、S7-1200 以及 S7-1500 的通信，是西门子产品间用得最多也是最简便的通信协议。

6.6.2　S7 通信应用示例

下面我们就以 S7-1200 与 S7-300 PLC 之间通信为例介绍 S7 通信。

S7-1200 CPU 与 S7-300 CPU 之间的以太网通信可以通过 S7 通信来实现。将 S7-1200 作为客户端，将 S7-300 作为服务器，需要在客户端单边组态连接和编程即可，作为服务器端的 S7-300 只需准备好通信的数据就行。

示例要求：

（1）S7-1200 CPU 读取 S7-300 CPU 中 DB1 的数据到 S7-1200 的 DB3 中。

（2）S7-1200 CPU 将本地 DB4 中的数据写到 S7-300 CPU 中的 DB2 中。

1 在 S7-1200 CPU 一侧配置编程

步骤 01　创建新项目并完成硬件配置。

在项目树 "Project tree" → "Devices & Networks" → "Networks view" 视图下，创建两个设备的连接。按住鼠标点中 PLC_2 上 S7-1200CPU 的 PROFINET 通信口的绿色小方框，然后拖拽出一条线，连接到 PLC_1 上的 PROFINET 通信口上，松开鼠标，连接就建立了。

步骤 02　网络组态。

（1）打开 "Network View" 配置网络，首先单击左上角的 "Connections" 图标，选择 "S7 Connection"，然后选中 S7-1200 CPU，右击，在弹出的快捷菜单中选择 "Add new connection" 命令添加新的连接，如图 6-67 所示。

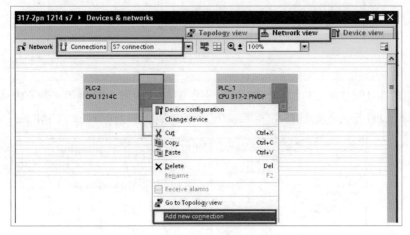

图 6-67　添加连接

（2）在 "Create new connection" 窗口中，选择 "Unspecified"，然后单击 "Add" 按钮建立 S7 连接，如图 6-68 所示。

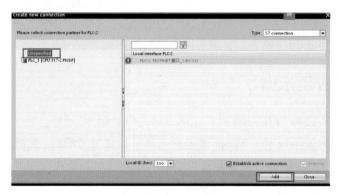

图 6-68 建立 S7 连接

（3）"S7_Connection_1"为建立的连接，选中该连接，在属性的"General"条目中定义连接对方 S7-300PN 口的 IP 地址，如图 6-69 所示。

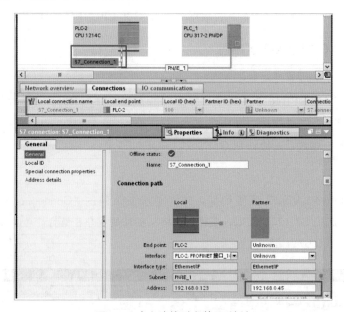

图 6-69 定义连接对方的 IP 地址

> 🎮➕注意 S7-300 预留给 S7 连接的 TSAP 地址为 03.02，如图 6-70 所示。如果通信伙伴是 S7-400，则要根据 CPU 槽位来决定 TSAP 地址，例如：CPU400 在 3 号槽，则 TSAP 地址为 03.03。
>
>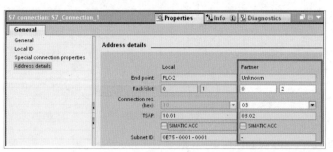
>
> 图 6-70 定义通信双方的 TSAP 号

（4）设置连接 ID 号，如图 6-71 所示。

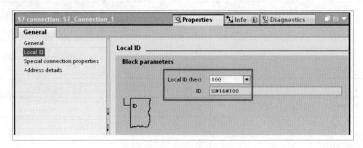

图 6-71　连接 ID 号

（5）配置完网络连接后，编译、保存并下载。

2 软件编程

在 OB1 中，在"Instruction"→"Communication"→"S7 Communication"下调用 GET、PUT 通信指令，分别创建接收和发送数据块 DB3 和 DB4，并将它们定义成 101 字节的数组，程序调用如图 6-72 所示。

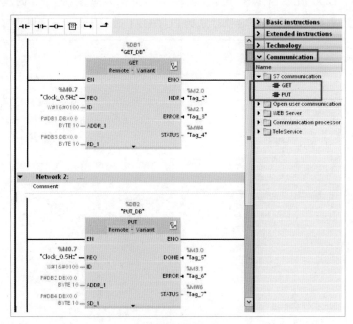

图 6-72　程序调用

函数块管脚说明如表 6-29 所示。

表6-29　S7通信函数块管脚说明

参　　数	存储区地址	说　　明
CALL "GET"	%DB1	调用GET，使用背景DB块：DB1
REQ	%M0.7	系统时钟2秒脉冲
ID	W#16#0100	创建连接时的连接号，要与连接配置中的一致

（续表）

参　　数	存储区地址	说　　明
NDR	%M2.0	为1时表示接收到新数据
ERROR	%M2.1	为1时表示有故障发生
STATUS	%MW4	状态代码
ADDR_1	P#DB1.DBX0.0 BYTE 10	从通信伙伴数据区读取数据的地址
RD_1	P#DB3.DBX0.0 BYTE 10	本地接收数据地址
CALL "PUT"	%DB2	调用PUT，使用背景DB块：DB2
REQ	%M0.7	系统时钟2秒脉冲
ID	W#16#0100	创建连接时的连接号，要与连接配置中的一致
DONE	%M3.0	为1时表示发送完成
ERROR	%M3.1	为1时表示有故障发生
STATUS	%MW6	状态代码
ADDR_1	P#DB2.DBX0.0 BYTE 10	送到通信伙伴数据区的地址
SD_1	P#DB4.DBX0.0 BYTE 10	本地发送数据区

注意　当 S7-1200 PLC 作为 S7 通信的服务器使用时，需要将 CPU 的属性的"防护与安全"→"连接机制"中的"允许来自远程对象的 PUT/GET 通信"激活，这样才可以实现 S7 通信。

第 **7** 章

串行通信及应用实例

串行通信是工业常用的通信方式。由于串行通信方式具有使用线路少、成本低、简单易用，特别是在远距离传输上可以避免线缆铺设的特点而被广泛应用。利用串行通信可以大大降低自动化项目的成本，提高产品竞争力。S7-1200 通过串行通信可以连接智能仪表、变频器等。S7-1200 支持的串行通信方式有：

★ 点对点（PtP）通信。

★ Modbus 主从通信。

★ USS 通信。

本章将对这三种通信方式进行详细介绍。

7.1 模块介绍

S7-1200 PLC 的本体不具备串行通信的接口，串行通信需要通过添加通信板（CB）或串口通信模块（CM）来实现。S7-1200 PLC 串口通信模块有两种，分别是 CM1241 RS232 和 CM1241 RS422/485，通信板为 CB1241 RS485，它们的外观分别如图 7-1 和图 7-2 所示。

图 7-1　232 模块／485 模块

图 7-2　CB 串口通信模块

CB 模块的特点如下：

- 由 CPU 供电，不必连接外部电源。

- 端口经过隔离，最长距离为 1000 米。

- 有诊断 LED 及显示传送和接收活动的 LED。

- 支持点对点协议。

- 通过扩展指令和库功能进行组态和编程。

通过观察 TxD 和 RxD 信号灯的显示状态，可以判断串口收发是否正常：TxD 灯闪烁，说明在不停地发送数据；RxD 灯闪烁，说明在不停地接收数据。

S7-1200 通信模块的型号及特征如表 7-1 所示。

表7-1　通信模块信号特征

名称	CM 1241 RS232	CM 1241 RS422/485	CB 1241 RS485
订货号	6ES7241-1AH32-0XB0	6ES7241-1CH32-0XB0	6ES7241-1CH30-1XB0
通信口类型	RS232	RS422/RS485	RS485
波特率（bps）	300、600、1.2k、2.4k、4.8k、9.6k、19.2k、38.4k、57.6k、76.8k、115.2k		
校验方式	None（无校验）		
	Even（偶校验）		
	Odd（奇校验）		
	Mark（校验位始终置为1）		
	Space（校验位始终为0）		
流控	硬件流控，软件流控	RS422支持软件流控	不支持
接收缓冲区	1kB		
通信距离（屏蔽电缆）	10m	1000m	1000m
电源消耗（5V DC）	200mA	220mA	50mA
电源消耗（24V DC）	–	–	80mA

7.2 PtP 接线方式

PtP（Point to Point）是点对点，即两个对等实体直接通信，彼此之间就像拥有一条专用线路。

在点到点系统中，对等实体间的通信一般由直接相连的通信信道组成，这种直接连接叫点到点连接。通俗地讲，就是一对一的通信方式，但两者是对等的，不分主次。

CB1241 RS485 信号板的接线方式如表 7-2 所示。

表7-2 CB1241 RS485信号板的接线方式

针 脚	9针连接器	X20
1	RS485/逻辑接地	–
2	RS485/未使用	–
3	RS485/TxD+	T/RB
4	RS485/RTS	RTS
5	RS485/逻辑接地	–
6	RS485/5V电源	–
7	RS485/未使用	–
8	RS485/TxD-	T/RA
9	RS485/未使用	–
Shell	–	M

注释：3号针脚--RS485信号B+，8号针脚--RS485信号A-，5号针脚--接屏蔽等电位点。

CM1241 RS232 通信模块的接线方式如表 7-3 所示。

表7-3 CM1241 RS232引脚接线说明

针 脚	说 明	连 接 器	针 脚	说 明
1 DCD	数据载波检测（输入）		6 DSR	数据设备就绪（输入）
2 RxD	从DCE接收数据（输入）		7 RTS	请求发送（输出）
3 TxD	传送数据到DCE（输出）		8 CTS	允许发送（输入）
4 DTR	数据终端就绪（输出）		9 RI	振铃指示器（未用）
5 GND	逻辑地		SHELL	外壳接地

注释：2号针脚--RS232信号输入接收，3号针脚--RS232信号输出发送，5号针脚--接地等电位。

CM1241 RS422/485 通信模块的接线方式如表 7-4 所示。

表7-4 CM1241 RS422/485引脚接线说明

针 脚	说 明	连 接 器	针 脚	说 明
1 DCD	逻辑接地或通信接地		6 PWR	+5V与100Ω串联电阻（输出）
2 TxD+	用于连接RS422，不适用于RS485（输出）		7	未连接
3 TxD+	信号B（RxD/TxD+）（输入/输出）		8 TXD-	信号A（RxD/TxD）（输入/输出）
4 RTS	请求发送（TTL电平）（输出）		9 TXD-	用于连接RS422，不适用于RS485（输出）
5 GND	逻辑接地或通信接地		SHELL	外壳接地

注释：RS422接线方法：2号与9号针脚--RS422发送信号。

　　　　　　　　　　3号和8号针脚--RS422接收信号。

　　　　　　　　　　SHELL接屏蔽等电位点。

　　　　RS485接线方法：3号引脚--RS485信号B+。

　　　　　　　　　　8号针脚--RS485信号A-。

　　　　　　　　　　1号针脚---等电位点。

　　　　RS232、RS422、RS485的通信距离和终端电阻：

　　　　　　　　　　RS 232通信最长距离为10米屏蔽电缆

　　　　　　　　　　RS422/RS485通信最长距离为1000米屏蔽电缆（取决于波特率及安装终端电阻）。

RS485 终端电阻安装方法及阻值大小如图 7-3 所示。

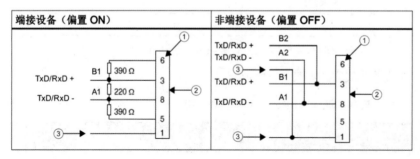

图 7-3 终端电阻安装方法

CB1241 接线如图 7-4 所示。

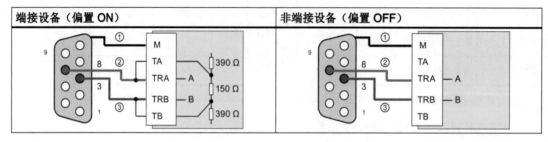

图 7-4 CB1241 接线图

CB1241 接线图说明:

① 将 M 连接到电缆屏蔽。

② A=TxD/RxD-（8 号针）。

③ B=TxD/RxD+（3 号针）。

7.3 PtP 通信指令介绍

S7-1200有两套点对点通信指令,分别为PtP Communication 指令集和点到点指令集,如图7-5所示。

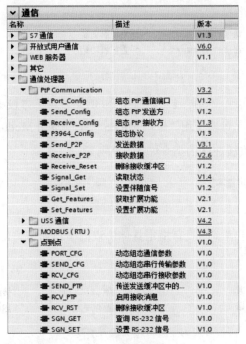

图 7-5 指令列表

PtP Communication 与点到点通信的区别如表 7-5 所示。

表7-5 指令集对比

指 令 集		适用范围
PtP Communication	S7-1200中央机架	CPU版本≥V4.1.1,CM1241版本≥V2.1, TIA PORTAL版本≥V13SP1,CB1241没有版本要求
	分布式IO	CPU版本≥V4.1.1,ET200SP/ET200MP分布式IO的串口模块
点到点	S7-1200中央机架	CPU、TIA PORTAL、CM1241、CB1241 均没有版本限制

建议使用 PtP Communication 指令集的指令,因为该指令和 S7-1500 兼容,并且指令版本一直在更新;点到点指令集不再更新,建议只将它用于老项目升级。组态指令如图7-6所示。

Port_Config	组态 PtP 通信端口	V1.2
Send_Config	组态 PtP 发送方	V1.2
Receive_Config	组态 PtP 接收方	V1.3
P3964_Config	组态协议	V1.3

PORT_CFG	动态组态通信参数	V1.0
SEND_CFG	动态组态串行传输参数	V1.0
RCV_CFG	动态组态串行接收参数	V1.0

图 7-6 组态指令

可以通过图 7-6 中的指令在线修改串口模块硬件组态的指令，例如在线修改波特率，在线修改接收条件，等等。

通信的流控指令和扩展功能指令分别如图 7-7 和图 7-8 所示。

Signal_Get	读取状态	V1.4
Signal_Set	设置伴随信号	V1.2

SGN_GET	查询 RS-232 信号	V1.0
SGN_SET	设置 RS-232 信号	V1.0

图 7-7 流控指令

Get_Features	获取扩展功能	V2.1
Set_Features	设置扩展功能	V2.1

图 7-8 扩展功能指令

扩展功能指令是用于实现一些扩展功能的指令，例如与第三方设备进行非标准 Modbus 通信，通信伙伴不需要 CRC 校验，可以使用"Set Features"指令禁用 Modbus CRC。一般不需要使用。

用于清除通信模块接收缓冲区的指令如图 7-9 所示。

Receive_Reset	删除接收缓冲区	V1.2

RCV_RST	删除接收缓冲区	V1.0

图 7-9 清除缓冲区

通常情况下，自由口通信（即没有指定具体协议的串口通信）都是使用图 7-10 中的指令来发送和接收数据的。

Send_P2P	发送数据	V3.1
Receive_P2P	接收数据	V2.6

SEND_PTP	传送发送缓冲区中的...	V1.0
RCV_PTP	启用接收消息	V1.0

图 7-10 发送与接收数据

Send_P2P 指令与 SEND_PTP 发送指令的对比如图 7-11 所示。

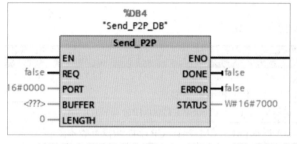
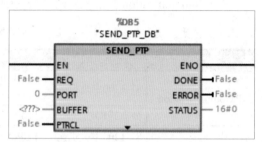

图 7-11 发送数据指令

发送指令的参数对比如表 7-6 所示。

表7-6　指令对照表

参　数	Send_P2P	SEND_PTP
EN	使能，建议常接通	
REQ	发送触发信号，使用沿触发	
PORT	串口硬件模块标识符，可以在PLC变量表中找到，如图7-11所示	
BUFFER	发送区，一般使用P#指针形式、String类型或者WString类型、字符数组等，如果使用String类型或者WString类型，则伙伴方接收时不会看到字符串前面的最大长度和实际长度，也就是说相当于发送的是字符数组	
LENGTH	实际发送的字节数，如果为0，则是全部发送	
PCTRL	–	没有意义
DONE	完成将数据发送至通信模块发送缓冲区后，将有一个扫描周期置位	
ERROR	发送错误，将有一个扫描周期置位	
STATUS	通常显示状态代码，错误时会在ERROR为1的周期显示错误信息（16#8xxx）	

Receive_P2P 指令与 RCV-PTP 指令的对比如图 7-12 所示。

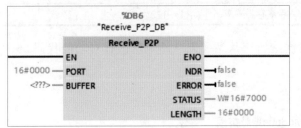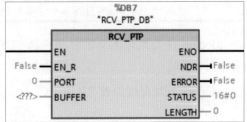

图 7-12　接收数据指令

7.4　Modbus RTU 协议介绍

Modbus RTU 通信是一种半双工通信方式，使用 RS232 或 RS422/485 连接在网络中的 Modbus 设备之间进行串行数据传输。Modbus RTU 使用主从的方式进行通信，一个网络中只能有一个主站，可以有多个从站（最多 32 个）。在通信网络中，主站发出请求，从站做出响应。主站将请求发送到一个从站地址，并且只有该地址上的从站做出响应。

7.4.1　Modbus 功能代码

功能代码简称功能码，Modbus RTU 通过不同的功能码来实现不同的通信功能。

1　读取数据功能码

用于读取远程 IO 及程序数据。读取数据功能码如表 7-7 所示。

表7-7 读取数据功能码

Modbus功能代码	用于读取从站（服务器）数据的功能
01	读取输出位：每个请求1~2000位
02	读取输入位：每个请求1~2000位
03	读取保持寄存器：每个请求1~125字
04	读取输入字：每个请求1~125字

2 写入数据功能

用于写入远程 IO 及修改程序数据。写入数据功能码如表 7-8 所示。

表7-8 写入数据功能码

Modbus功能代码	用于向从站（服务器）写入数据的功能（标准寻址）
05	写入一个输出位：每个请求1位
06	写入一个保持寄存器：每个请求1字
15	写入一个或多个输出位：每个请求1~1960位
16	写入一个或多个保持寄存器：每个请求1~122字

Modbus 从站地址为 0 时会将广播帧发送给所有从站（无从站响应；针对功能代码 05、06、15、16）。

Modbus 地址范围如表 7-9 所示。

表7-9 Modbus地址范围

站	地　　址
RTU标准站	1~247
RTU扩展站	1~65535

3 Modbus RTU 通信报文结构

Modbus RTU 通信报文结构如表 7-10 所示。

表7-10 通信报文结构

从站地址	功　能　码	数　据　区	校　验　码	
			2字节	
1字节	1字节	0~252字节	CRC低	CRC高

7.4.2 指令说明

MODBUS 指令有三条，分别是 MB_COMM_LOAD（通信参数装载）指令、MB_MASTER（主站通信）指令和 MB_SLAVE（从站通信）指令，如图 7-13 所示。可以通过"通信"→"通信处理器"→"MODBUS"调出指令框。

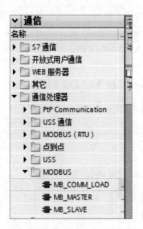

图 7-13 MODBUS 指令

1 MB_COMM_LOAD 指令介绍

MB_COMM_LOAD 指令（见图 7-14）用于组态 RS232 和 RS485 通信模块端口的通信参数，以便进行 Modbus RTU 通信，每个 Modbus RTU 通信的端口都必须执行一次 MB_COMM_LOAD 指令来组态。

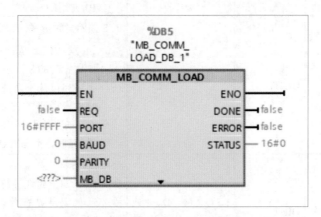

图 7-14 MB_COMM_LOAD 指令

MB_COMM_LOAD 指令引脚定义如表 7-11 所示。

表7-11 MB_COMM_LOAD指令引脚定义

参　数	声　明	数据类型	存　储　区	说　明
REQ	Input	BOOL	I、Q、M、D、L	在上升沿执行指令
PORT	Input	PORT	I、Q、M、D、L或常量	通信端口的ID。在设备组态中插入通信模块后，端口ID就会显示在PORT 框连接的下拉列表中。也可以在变量表的"常数"（Constants）选项卡中引用该常数
BAUD	Input	UDINT	I、Q、M、D、L或常量	波特率选择：300、600、1200、2400、4800、9600、19200、38400、57600、76800、115200。所有其他值均无效

参　数	声　明	数据类型	存　储　区	说　明
PARITY	Input	UINT	I、Q、M、D、L或常量	奇偶校验选择： • 0：无。 • 1：奇校验。 • 2：偶校验
FLOW_CTRL	Input	UINT	I、Q、M、D、L或常量	流控制选择： • 0：（默认值）无流控制。 • 1：通过 RTS 实现的硬件流控制始终开启（不适用于 RS485 端口）。 • 2：通过 RTS 切换实现硬件流控制
RTS_ON_DLY	Input	UINT	I、Q、M、D、L或常量	RTS延时选择： • 0：（默认值）在传送消息的第一个字符之前，激活RTS无延时。 • 1～65535：在传送该消息的第一个字符前RTS激活的延时时间（单位为毫秒）（不适用于RS-485端口）。根据所选的FLOW_CTRL使用RTS延时
RTS_OFF_DLY	Input	UINT	I、Q、M、D、L或常量	RTS 关断延时选择： • 0：（默认值）从传送的最后一个字符到"取消激活 RTS"之间没有延时。 • 1～65535：从发送消息的最后一个字符到"RTS 未激活"之间的延时时间（单位为毫秒）（不适用于 RS-485 端口）。必须使用RTS延时，而与FLOW_CTRL的选择无关
RESP_TO	Input	UINT	I、Q、M、D、L或常量	响应超时： MB_MASTER允许等待从站响应的时间（毫秒）。如果从站在此时间内没有响应，则MB_MASTER将重复该请求，或者在发送了指定数目的重试后终止请求并返回错误。 5ms～65535ms（默认值为1000ms）
MB_DB	Input	MB_BASE	D	MB_MASTER或MB_SLAVE指令的背景数据块的引用。在程序中插入MB_SLAVE或MB_MASTER之后，数据块标识符会显示在MB_DB 框连接的下拉列表中
DONE	Output	BOOL	I、Q、M、D、L	指令的执行已完成且未出错
ERROR	Output	BOOL	I、Q、M、D、L	错误： • 0：未检测到错误。 • 1：表示检测到错误。在参数STATUS中输出错误代码
STATUS	Output	WORD	I、Q、M、D、L	端口组态错误代码

2 MB_MASTER 指令介绍

　　MB_MASTER 指令（见图 7-15）可通过由 MB_COMM_LOAD 指令组态的端口作为 Modbus 主站进行通信。当在程序中添加 MB_MASTER 指令时，将自动分配背景数据块。MB_ COMM_LOAD 指令的 MB_DB 参数必须连接到 MB_MASTER 指令的（静态）MB_DB 参数。

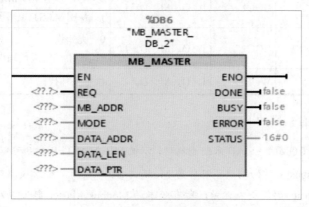

图 7-15　MB_MASTER 指令

　　MB_MASTER 指令引脚定义如表 7-12 所示。

表7-12　MB_MASTER指令引脚定义

参　　数	声　　明	数据类型	存 储 区	说　　明
REQ	Input	BOOL	I、Q、M、D、L	请求输入： • 0：无请求。 • 1：请求将数据发送到Modbus从站
MB_ADDR	Input	UINT	I、Q、M、D、L 或常量	Modbus RTU 站地址： 默认地址范围：1～247。 扩展地址范围：1～65535。 值"0"已预留，用于将消息广播到所有 Modbus从站。只有Modbus功能代码 05、06、15和16支持广播
MODE	Input	USINT	I、Q、M、D、L 或常量	模式选择。指定请求类型：读取、写入或诊断
DATA_ADDR	Input	UDINT	I、Q、M、D、L 或常量	从站中的起始地址：指定Modbus从站中将供访问的数据的起始地址。可在Modbus功能表中找到有效地址
DATA_LEN	Input	UINT	I、Q、M、D、L 或常量	数据长度：指定要在该请求中访问的位数或字数。可在Modbus功能表中找到有效长度
DATA_PTR	In_Out	VARIANT	M、D	指向 CPU的数据块或位存储器地址，从该位置读取数据或向它写入数据。对于数据块，必须使用"标准 - 与S7-300/400兼容"访问类型进行创建

参　数	声　明	数据类型	存　储　区	说　明
DONE	Output	BOOL	I、Q、M、D、L	0：事务未完成。 1：事务完成，且无任何错误
BUSY	Output	BOOL	I、Q、M、D、L	0：当前没有MB_MASTER事务正在处理。 1：MB_MASTER事务正在处理中
ERROR	Output	BOOL	I、Q、M、D、L	0：无错误。 1：出错，错误代码由参数STATUS 来指示
STATUS	Output	WORD	I、Q、M、D、L	执行条件代码

MB-MASTER 通信规则如下：

- 必须运行 MB_COMM_LOAD 来组态端口，以便 MB_MASTER 指令可以使用该端口进行通信。
- 用来作为 Modbus 主站的端口不可作为 Modbus_Slave 使用。对于该端口，可以使用一个或多个 Modbus_Master 的实例，但是，所有版本的 Modbus_Master 都必须为该端口使用相同的背景数据块。
- Modbus 指令不会使用通信报警事件来控制通信过程。程序必须查询 MB_MASTER 指令来获得完整的命令（DONE、ERROR）。

建议为来自程序周期 OB 的特定端口调用 MB_MASTER 的所有执行。Modbus 主站指令只能在一个程序周期或一个周期 / 时间控制的处理级别中执行，它们无法在不同的处理级别中进行处理。由具有较高优先级的处理级别中的 Modbus 主站指令引起的 Modbus 主站指令的优先级中断将导致操作不正确。Modbus 主站指令无法在启动、诊断或时间错误级别中进行处理。

参数 STATUS 输出的通信和组态错误消息如表 7-13 所示。

表7-13　通信和组态错误消息表

错误代码 （W#16#....）	代码说明
0000	无错误
80C8	从站超时。检查波特率、奇偶校验和从站上的连接器
80D1	接收方发出了流控制请求以暂挂活动的传送，并在等待时间内从未重新启用传送。 如果接收方在等待时间内未检测到CTS，则在硬件流控制期间也会生成该错误
80D2	由于从DCE未接收到任何DSR信号，因此发送请求终止
80E0	由于接收缓冲区已满，因此终止了消息
80E1	由于出现奇偶校验错误，因此终止了消息
80E2	由于出现帧错误，因此终止了消息
80E3	由于出现超时运行错误，因此终止了消息
80E4	由于指定的长度超出了缓冲区总大小，因此终止了消息

（续表）

错误代码 （W#16#....）	代码说明
8180	端口ID的值无效
8186	Modbus 站地址无效
8188	对于广播调用，参数MODE的值无效
8189	数据地址值无效
818A	数据长度值无效
818B	本地数据源/目标的指针无效：大小不正确
818C	参数DATA_PTR中的指针无效。使用指向位存储区或访问类型为"标准 - 与 S7-300/400兼容"的数据块的指针
8200	端口忙于处理发送请求

参数 STATUS 输出的通信协议的错误消息如表 7-14 所示。

表7-14　通信协议错误信息

错误代码 （W#16#.....）	从站的响应代码	说　明
8380	--	CRC校验错误
8381	01	功能代码不受支持
8382	03	数据长度错误
8383	02	数据地址错误或地址超出DATA_PTR的有效范围
8384	>03	数据值错误
8385	03	数据诊断代码值不受支持（功能代码08）
8386	--	响应的功能代码与查询的功能代码不匹配
8387	--	响应来自错误的从站
8388	--	从站对写入调用的响应不正确。从站发送的数据与主站的查询不匹配

Modbus RTU 主站程序示例如图 7-16 ～图 7-18 所示。

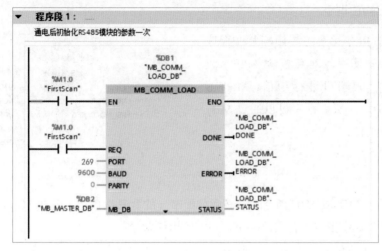

图 7-16　程序段 1

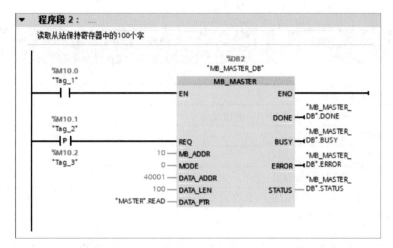

图 7-17 程序段 2

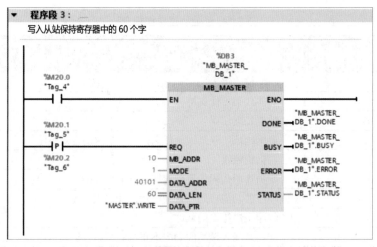

图 7-18 程序段 3

3 MB_SLAVE 指令

MB_SLAVE 指令（见图 7-19）允许程序作为 Modbus 从站使用点对点模块（PtP）或通信板（CB）上的端口进行通信。Modbus RTU 主站发出请求，然后程序可以通过 MB_SLAVE 指令进行响应。

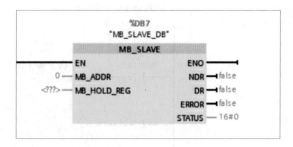

图 7-19 MB_SLAVE 指令

在程序中插入 MB_SLAVE 指令时，必须分配唯一的背景数据块。若在 MB_COMM_LOAD 指令的 MB_DB 参数中指定了背景数据块，则将使用该背景数据块。

MB_SLAVE 指令的参数如表 7-15 所示。

表7-15　MB_SLAVE指令参数

参　数	声　明	数据类型	存储器	说　明
MB_ADDR	Input	UINT	I、Q、M、D、L或常量	Modbus从站的站地址（地址范围：0~255）
MB_HOLD_REG	In_Out	VARIANT	D	指向Modbus保持寄存器数据块的指针。必须使用"标准 - 与S7-300/400兼容"访问类型创建该数据块
NDR	Output	BOOL	I、Q、M、D、L	新数据就绪： 0：无新数据。 1：表明 Modbus 主站已写入新数据
DR	Output	BOOL	I、Q、M、D、L	读取数据： 0：未读取数据。 1：表明 Modbus 主站已读取数据
ERROR	Output	BOOL	I、Q、M、D、L	0：未检测到错误。 1：错误，相应的错误代码在STATUS中输出
STATUS	Output	WORD	I、Q、M、D、L	错误代码

Modbus 通信功能代码（01、02、04、05 和 15）可以在 CPU 的输入过程映像及输出过程映像中直接读写位和字。对于这些功能代码，MB_HOLD_REG 参数必须定义为大于 1 字节的数据类型。表 7-16 给出了 MB_SLAVE 地址与 CPU 过程映像的映射示例。

表7-16　MB_SLAVE地址到CPU过程映像的映射

Modbus功能				S7-1200	
代　码	功　能	数据区	地址范围	数　据　区	CPU地址
01	读位	输出	1~8192	输出过程映像	Q0.0~Q1023.7
02	读位	输入	10001~18192	输入过程映像	I0.0~I1023.7
04	读字	输入	30001~30512	输入过程映像	IW0~IW1022
05	写位	输出	1~8192	输出过程映像	Q0.0~Q1023.7
15	写位	输出	1~8192	输出过程映像	Q0.0~Q1023.7

Modbus 通信功能代码（03、06、16）使用 Modbus 保持寄存器，该寄存器可以是 M 存储器地址范围或数据块。保持寄存器的类型由 MB_SLAVE 指令的 MB_HOLD_REG 参数指定。

MB_SLAVE 通信规则如下：

- 必须先执行 MB_COMM_LOAD 组态端口，然后 MB_SLAVE 指令才能通过该端口通信。
- 如果某个端口作为从站响应 Modbus 主站，则不要使用 MB_MASTER 指令对该端口进行编程。
- 对于给定端口，只能使用一个 MB_SLAVE 实例，否则将出现不确定的行为。
- Modbus 指令不使用通信中断事件来控制通信过程。用户程序必须通过轮询 MB_SLAVE 指令以了解传送和接收的完成情况来控制通信过程。
- MB_SLAVE 指令必须以一定的速率定期执行，以便能够及时响应来自 Modbus 主站的进入请求。建议每次扫描时都从程序循环 OB 执行 MB_SLAVE。也可以从循环中断 OB 执行 MB_SLAVE，但并不建议这么做，因为中断例程的延时过长可能会暂时阻止其他中断例程的执行。

MB_SLAVE 通信诊断功能如表 7-17 所示。

表7-17 MB_SLAVE通信诊断功能

功能代码	子功能	说明
08	0000H	输出回应测试的请求数据：MB_SLAVE指令会将所接收数据字的回应返回到Modbus主站
08	000AH	清除通信事件计数器：MB_SLAVE指令将清除用于Modbus功能代码11的通信事件计数器
11		调用通信事件计数器：MB_SLAVE指令使用内部通信事件计数器来检测成功发送到Modbus从站的Modbus读取和Modbus写入数量。该计数器不随功能代码08、功能代码11和广播请求的增加而递增，也不会随着导致通信错误（例如，奇偶校验或CRC错误）的请求的增加而递增

当 S7-1200 MB_SLAVE 发生通信和组态故障时，STATUS 会显示故障代码，如表 7-18 所示。

表7-18 MB_SLAVE通信和组态故障

STATUS (W#16#....）	说明
80D1	接收方发出了暂停主动传输的流控制请求并且在指定的等待时间内不重新激活该传输。在硬件流控制期间，如果接收方在指定的等待时间内没有声明CTS，也会产生该错误
80D2	传送请求中止，因为没有从DCE收到任何DSR信号
80E0	由于接收缓冲区已满，因此消息被终止
80E1	由于出现奇偶校验错误，因此消息被终止
80E2	由于组帧错误，因此消息被终止
80E3	由于出现超限错误，因此消息被终止
80E4	由于指定长度超出总缓冲区大小，因此消息被终止
8180	无效端口ID值或MB_COMM_LOAD指令出错
8186	Modbus站地址无效
8187	指向MB_HOLD_REG DB的指针无效：区域太小
818C	指向M存储器或DB（DB区域必须允许符号地址和直接地址）的MB_HOLD_REG指针无效

当 S7-1200 MB_SLAVE 协议发生错误时，STATUS 会显示故障代码，如表 7-19 所示。

表7-19 MB_Slave协议错误代码

STATUS (W#16#....）	从站的响应代码	说明
8380	无响应	CRC错误
8381	01	不支持功能代码或在广播内不支持
8382	03	数据长度错误
8383	02	数据地址错误或地址超出DATA_PTR区的有效范围
8384	03	数据值错误
8385	03	不支持此数据诊断代码值（功能代码08）

Modbus RTU 从站程序示例如图 7-20 和图 7-21 所示。

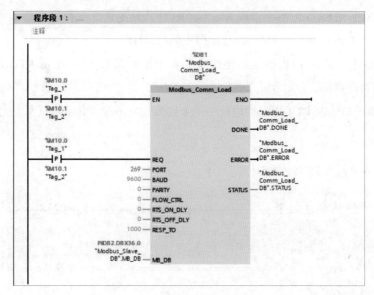

图 7-20 程序段 1

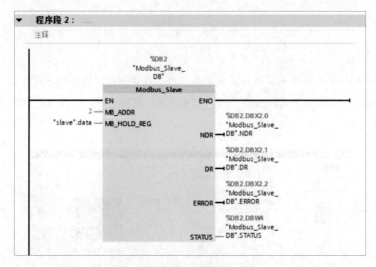

图 7-21 程序段 2

7.4.3 Modbus RTU 通信示例

1 使用硬件环境

（1）CPU 1217 DC/DC/DC + CM 1241。

（2）CPU 1215 DC/DC/DC + CM 1241。

2 实现功能

两台 S7-1200 间通过 Modbus RTU 通信。CPU 1217 作为主站，CPU 1215 作为从站。通信功能如下：

（1）主站 MB_MASTER 指令读取 Modbus RTU 从站地址 2 保持寄存器 40001 地址开始的两个字长的数据，并将它存放于 DATA_PTR 指定的地址中。

（2）将存放于 DATA_PTR 指定的地址中的 4 个字数据写入 Modbus RTU 从站中从 40003 地址开始的保持寄存器中。

（3）将存放于 DATA_PTR 指定的地址中的 8 位数据写入 Modbus RTU 从站 Q0.0 ～ Q0.7 中。

3 项目编程

步骤 01 创建新项目，如图 7-22 所示。

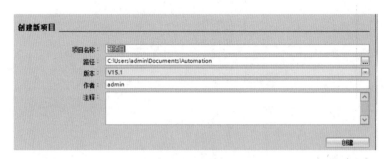

图 7-22 创建新项目

步骤 02 添加新设备。

在"项目树"窗口中单击"添加新设备"选项，在弹出的"添加新设备"对话框中选择 CPU 1217 并命名为 ModbusMaster，如图 7-23 所示；选择 CPU 1215 并命名为 Modbus Slave，如图 7-24 所示。

图 7-23 添加新设备 CPU 1217

在项目中添加通信模块 CM 1241，如图 7-25 所示。

图 7-24　添加新设备 CPU 1215

图 7-25　添加通信模块

步骤 03 启动时钟。

为了编程方便，可以启动时钟，方法如下：

在设备视图中选中 CPU，然后在下面的属性窗口中选择"系统和时钟存储器"，将系统存储器位定义为 MB1，时钟存储器位定义为 MB0，如图 7-26 所示。

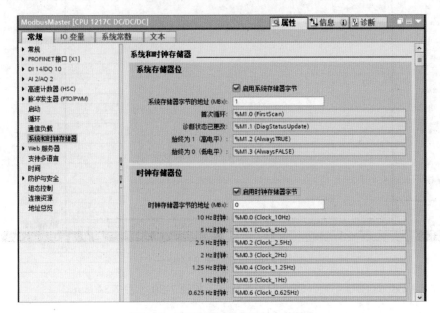

图 7-26　系统存储器位与时钟存储器位

步骤 04 添加通信指令，如图 7-27 和图 7-28 所示。

图 7-27 添加通信指令

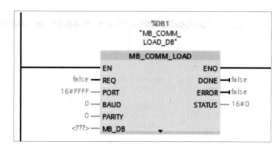

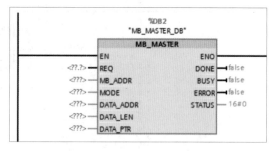

图 7-28 添加指令

步骤 05 创建 DB 数据块，命名为 Master，在数据块中定义数据类型，如图 7-29 所示。

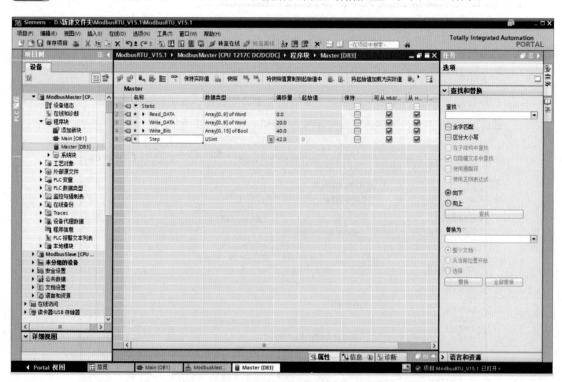

图 7-29 创建数据块 Master

步骤 06 创建 Modbus RTU 主站（CPU1217）程序，如图 7-30 ～图 7-34 所示。

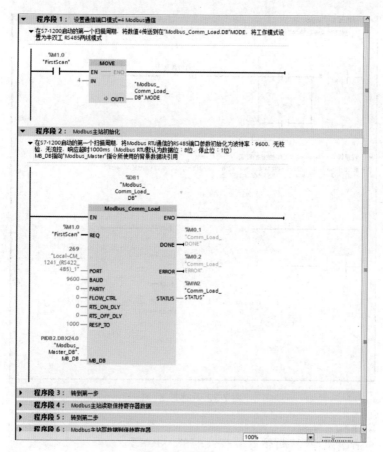

图 7-30 程序段 1、2

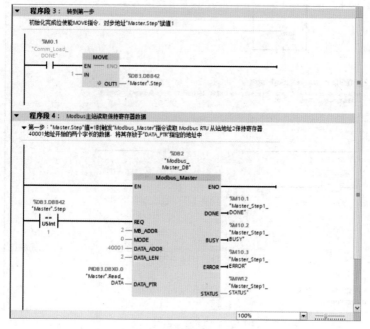

图 7-31 程序段 3、4

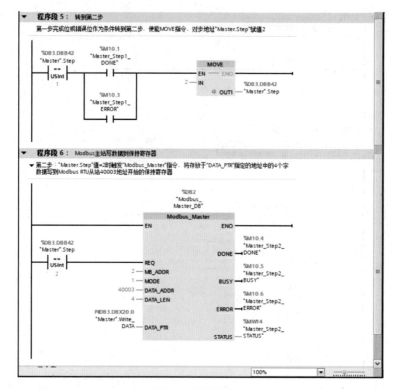

图 7-32　程序段 5、6

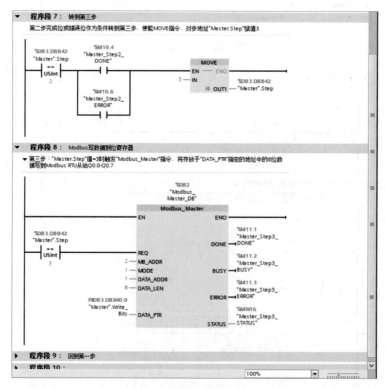

图 7-33　程序段 7、8

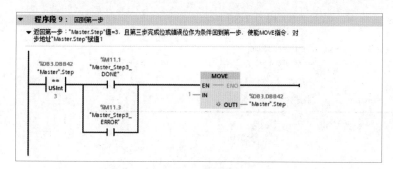

图 7-34　程序段 9

步骤 07　添加 Modbus RTU 从站（CPU 1215）通信指令 Modbus_Comm_load 和 Modbus_Slave，如图 7-35 所示。

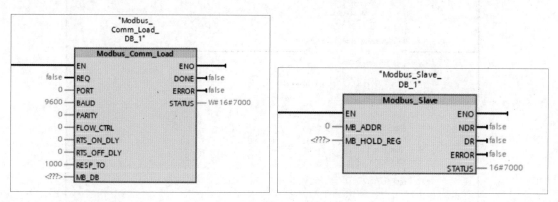

图 7-35　添加从站通信指令

步骤 08　创建 DB 数据块，并命名为 Slave，数据类型如图 7-36 所示。

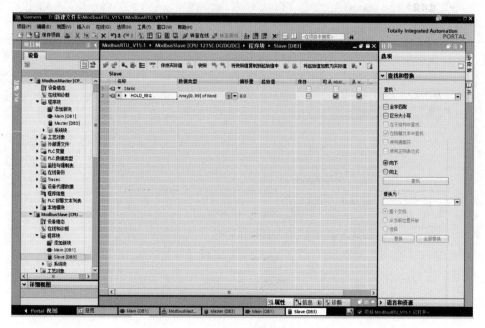

图 7-36　创建数据块

步骤 09 创建从站程序，如图 7-37 和图 7-38 所示。

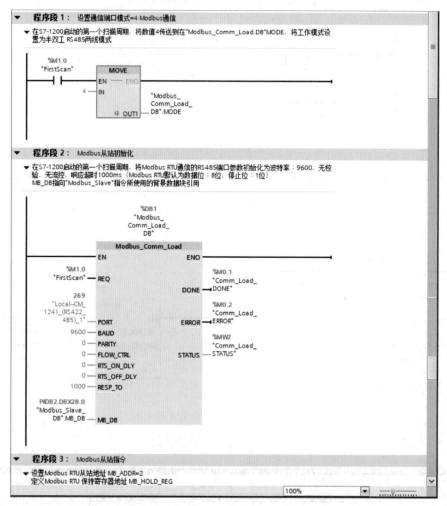

图 7-37 程序段 1、2

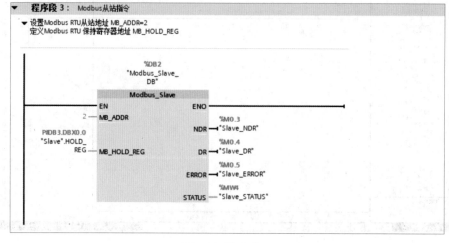

图 7-38 程序段 3

第 **8** 章

S7-1200 与 HMI 通信

HMI 是 Human Machine Interface 的缩写，中文翻译为人机界面，也可称为用户界面或使用者界面。HMI 将 PLC 的数据实现可视化，是系统和用户之间进行交互和信息交换的媒介，它实现了信息的内部形式与人类可以接受的形式之间的转换，用户通过自由组合图形、文字、按钮、控件等方式实现控制设备的数据监视与设备控制等功能。凡是参与人机信息交流的领域都存在着人机界面。

8.1 HMI 介绍

SIMATIC 面板以及 WinCC Runtime Advanced 和 WinCC Runtime Professional 都包含了操作员监控机器或设备的所有基本功能。在某些情况下，附加选件可用于扩展功能以扩大可用任务的范围，例如：

（1）精简面板选件：以下插件可用于精简系列面板：

- WinCC Smart Server（远程操作）。

（2）精致面板和移动面板可使用以下扩展选项：

- WinCC Audit（标准应用的审计跟踪和电子签名）。
- SIMATIC ProDiag（对 S7-1500 和 SIMATIC HMI 进行机器和设备诊断）。

（3）WinCC Runtime Advanced 选件：以下功能扩展适用于 WinCC Runtime Advanced：

- WinCC Smart Server（远程操作）。

- WinCC Recipes（配方系统）。

- WinCC Logging（记录过程值和报警）。

- WinCC Audit（标准应用的审计跟踪）。

- SIMATIC ProDiag（对 S7-1500 和 SIMATIC HMI 进行机器和设备诊断）。

> **说明** 与 WinCC flexible 2008 不同，TIA 软件基本功能中已包含有 WinCC flexible/Smart Service、WinCC flexible/Smart Access 以及 WinCC flexible/OPC Server 选件功能。

精简触摸屏与精致触摸屏的区别如下：

（1）精致触摸屏画面可用的元素更多，具体表现是精致触摸屏的基本对象多了折线、多边形，元素多了符号库、滑块、仪表盘、时钟，控件也增加了很多元素，如图 8-1 所示。

（2）与精简触摸屏相比，精致触摸屏功能更多，具体表现是精致触摸屏增加了弹出画面和滑入画面，增加了脚本和报表功能，如图 8-2 所示。

精致屏　　　　精简屏

图 8-1　HMI 控件对比

精致屏　　　　精简屏

图 8-2　HMI 屏功能对比

精简触摸屏主要型号如表 8-1 所示。

表8-1　精简触摸屏主要型号

型　号	屏幕尺寸	可组态按键	分辨率	变　量
KTP400 Basic	4.3″	4	480×272	800
KTP700 Basic	7″	8	800×480	800
KTP700 Basic DP	7″	8	800×480	800
KTP900 Basic	9″	8	800×480	800
KTP1200 Basic	12″	10	1280×800	800
KTP1200 Basic DP	12″	10	1280×800	800

8.2　HMI 画面制作

HMI 画面制作的操作步骤如下：

步骤 01　在 TIA 软件中创建新项目，并命名为 PLC_HMI，如图 8-3 所示。

图 8-3　新建项目

步骤 02　添加新设备 CPU1214C 到项目中，如图 8-4 所示。

图 8-4　添加 CPU

步骤 03 添加 HMI。

（1）在"添加新设备"对话框中选择一款 HMI 添加到项目中，如图 8-5 所示。

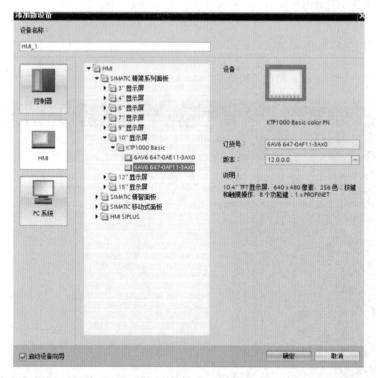

图 8-5 选择 HMI 型号

（2）在"HMI 设备向导"对话框中单击"浏览"按钮，添加 HMI 通信方式，如图 8-6 所示。

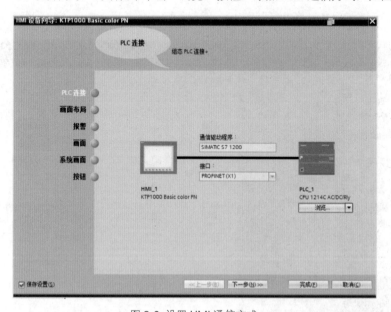

图 8-6 设置 HMI 通信方式

（3）单击"下一步"按钮，完成硬件组态。

步骤 04　添加变量。

（1）打开"HMI 变量"→"默认变量表"，单击"添加"单元格，如图 8-7 所示。

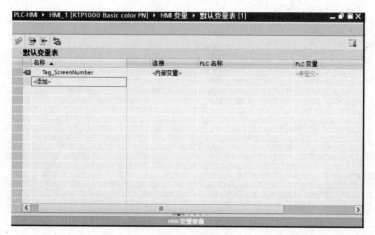

图 8-7　打开变量表

（2）输入变量名"start"，单击"内部变量"后的选框，在弹出的对话框中选择已经建立好的连接设备（PLC1），如图 8-8 所示。

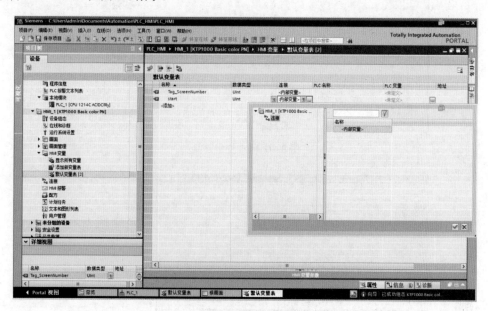

图 8-8　添加变量

步骤 05　连接 PLC 变量。单击 PLC 变量选框，从弹出的窗口中选择 PLC 变量"启动"，单击右下角的确认图标，完成变量关联，如图 8-9 所示。

依次完成剩余变量的连接，如图 8-10 所示。

步骤 06　创建画面。可以在根画面中设计场景，也可以新建一个画面进行场景设计。

从右侧的"基本对象"中选择圆形，并将它拖曳到根画面中，然后单击"外观"编辑属性，如图 8-11 所示。

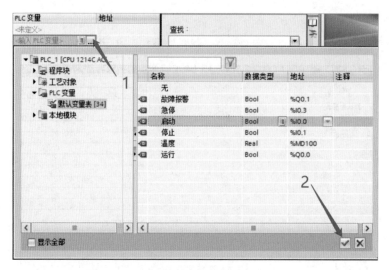

图 8-9 连接 PLC 变量

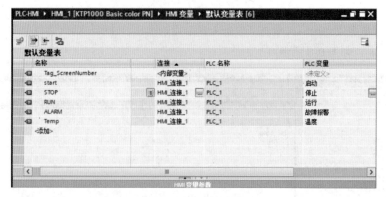

图 8-10 HMI 变量连接

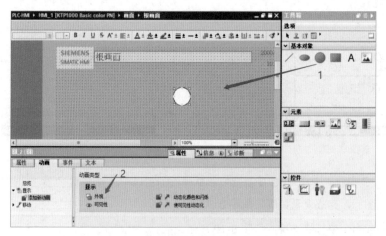

图 8-11 添加圆

步骤 07 设置"圆"背景色。选择变量"RUN"，范围值为 0 时背景色为红色，范围值为 1 时背景色为绿色，如图 8-12 所示。

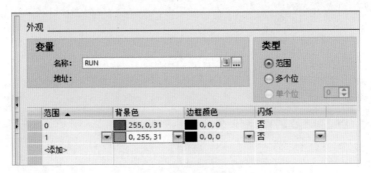

图 8-12 设置圆背景色

步骤 08 编译完成后，启动仿真，效果如图 8-13 所示。

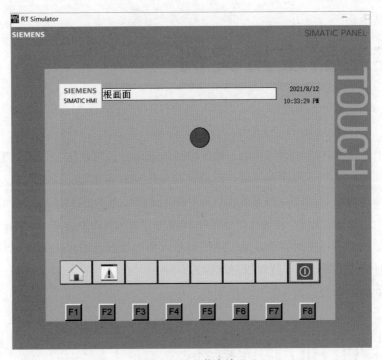

图 8-13 HMI 仿真效果

注意 西门子 S7-1200 PLC 配套的触摸屏与 S7-200 Smart PLC 配套的 HMI 触摸屏不同，编程软件也不相同，在选购时一定要注意区分。

触摸屏软件已经集成到博途软件中，无须单独安装，也不能单独安装。

仿真的 PLC 和仿真的触摸屏可以进行通信，这对工程人员进行项目自检很有用。如果不能正常通信，那么可能是 PG/PC 端口设置有问题，需要打开计算机的控制面板进行配置。

第 9 章

PID 控制器应用实例

PID 功能用于对闭环过程进行控制。PID 控制器适用于温度、压力、流量等物理量，是工业现场中应用最为广泛的一种控制方式。其原理是为被控对象设定一个给定值，然后将实际值测量出来并与给定值进行比较，将其差值送入 PID 控制器，PID 控制器按照一定的运算规律计算出结果，该结果即为输出值，将输出值送到执行器进行调节。其中的 P、I、D 分别指的是比例、积分、微分，是一种闭环控制算法。通过这些参数，可以使被控对象追随给定值进行变化并使系统达到稳定，自动消除各种干扰对控制过程的影响。

本章介绍 PID 的功能、指令及其应用实例。

9.1 S7-1200 PID 功能概述

S7-1200 CPU 提供了 PID 控制器，PID 回路数量受到 CPU 的工作内存及支持的 DB 块数量的限制。严格来说并没有限制具体数量，但实际应用时，建议用户不要超过 16 路 PID 回路。PID 控制器可以同时进行回路控制，用户可以手动调试参数，也可以使用自整定功能（提供了两种自整定方式由 PID 控制器自动调试参数）。此外，STEP7 Basic 还提供了调试面板，方便用户直观地了解控制器及被控对象的状态。

PID 控制器功能主要依靠三部分实现：循环中断块、PID 指令块、工艺对象背景数据块。用户在调用 PID 指令块时需要定义其背景数据块，而此背景数据块需要在工艺对象中添加，因此称为工艺对象背景数据块。PID 指令块与其相对应的工艺对象背景数据块组合使用，形成完整的 PID 控制器。PID 控制器结构如图 9-1 所示。

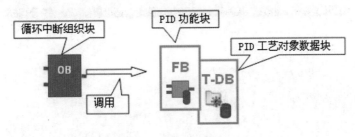

图 9-1 PID 控制器结构

循环中断块可按一定周期产生中断，执行其中的程序。PID 指令块定义了控制器的控制算法，随着循环中断块产生中断而周期性执行。背景数据块用于定义输入 / 输出参数、调试参数以及监控参数。此背景数据块并非普通数据块，需要在目录树视图的工艺对象中才能找到并定义。

9.2 创建 PID 指令

在 TIA Protal 软件中使用 PID 功能时，有两种方式可以选择 PID 的指令版本。

第一种方式

（1）在"项目树"的"工艺对象"中选择"新增对象"选项，如图 9-2 所示。

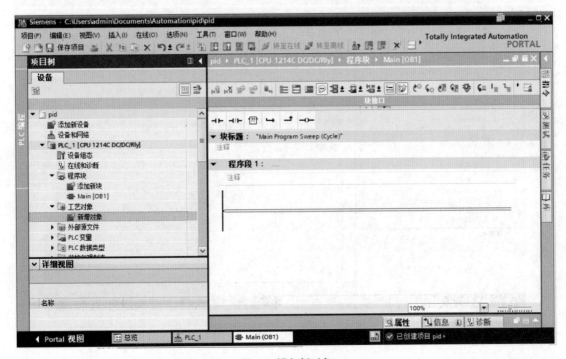

图 9-2 添加新对象

（2）在弹出的"新增对象"对话框中，左侧竖列选择"PID"，对话框中间部分对于"PID-Compact"版本的选择如图 9-3 所示。

图 9-3 选择 Compact PID 指令版本

（3）依次选择"系统块"→"程序资源"→"PID_Compact"，将函数块添加到程序段中，如图 9-4 所示。

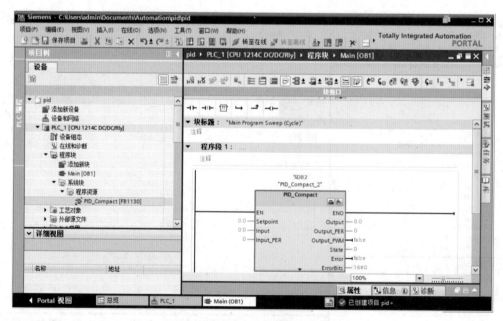

图 9-4 在程序中添加 PID 函数块

第二种方式

当程序处于编程界面时，在右侧指令栏的"工艺"→"PID 控制"→"Compact PID 指令"进行版本选择，如图 9-5 所示。

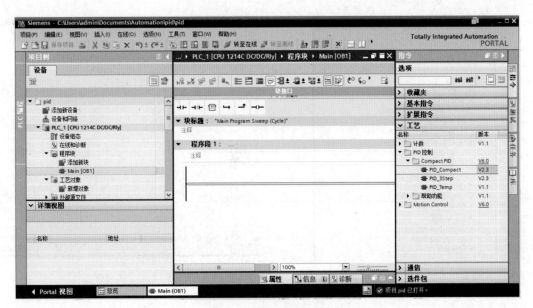

图 9-5　选择 Compact PID 指令版本

创建 PID 指令的步骤如下：

步骤 01　将 PID 指令插入用户程序时，STEP 7 会自动为指令创建工艺对象和背景数据块，如图 9-6 所示。背景数据块包含 PID 指令要使用的所有参数。每个 PID 指令必须具有自身的唯一背景数据块才能正确工作。插入 PID 指令并创建工艺对象和背景数据块之后，需组态工艺对象的参数。

步骤 02　还可以在插入 PID 指令之前为项目创建工艺对象。如果在将 PID 指令插入用户程序之前创建工艺对象，那么用户便可以在插入 PID 指令时选择工艺对象，如图 9-7 所示。

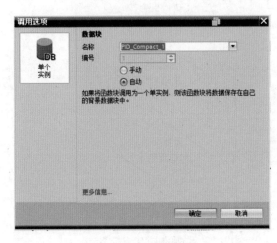

图 9-6　创建背景数据块

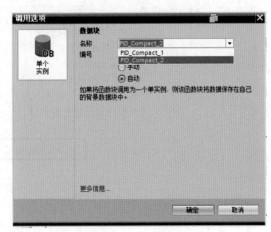

图 9-7　选择工艺对象

步骤 03　要创建工艺对象，则在项目浏览器中双击"新增对象"选项，如图 9-8 所示。

步骤 04　单击"PID"图标并选择适用于该 PID 控制器类型（PID_Compact 或 PID_3Step）的工艺对象，还可以为工艺对象创建可选名称，最后单击"确定"按钮创建工艺对象，如图 9-9 所示。

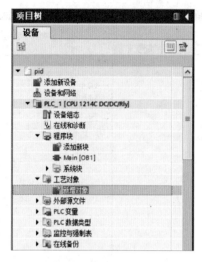

图 9-8 双击"新增对象"选项

图 9-9 创建工艺对象

9.3 如何选择 PID 指令

S7-1200 PID 功能有 3 种指令可供选择，分别为 PID_Compact、PID_3Step 和 PID_Temp。根据实际工程需求，可以通过如图 9-10 所示的方法选择 PID 指令。

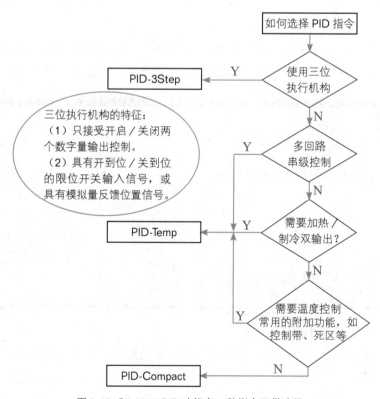

图 9-10 S7-1200 PID 功能有 3 种指令可供选择

9.4　PID Compact V2 指令介绍

PID 指令块的参数分为两部分：输入参数与输出参数。其指令块的视图分为集成视图（见图 9-11）与扩展视图（见图 9-12）。在不同的视图下所能看见的参数是不一样的，在集成视图中看到的参数为最基本的默认参数，如给定值、反馈值、输出值等。定义这些参数可以实现控制器最基本的控制功能；而在扩展视图中，可看到更多的相关参数，如手自动切换、模式切换等，使用这些参数可以使控制器具有更丰富的功能。

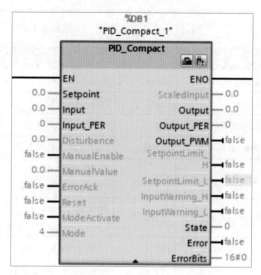

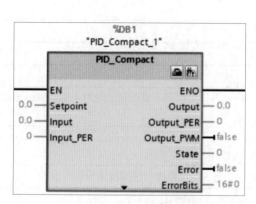

图 9-11　集成视图　　　　　　　　　　　　图 9-12　扩展视图

PID Compact 输入与输出参数介绍分别如表 9-1 和表 9-2 所示。

表9-1　PID Compact输入参数

参　数	数据类型	说　明
Setpoint	REAL	PID控制器在自动模式下的设定值
Input	REAL	PID控制器的反馈值（工程量）
Input_PER	INT	PID控制器的反馈值（模拟量）
Disturbance	REAL	扰动变量或预控制值
ManualEnable	BOOL	出现FALSE->TRUE上升沿时会激活手动模式，与当前Mode的数值无关。 当ManualEnable = TRUE时，无法通过ModeActivate的上升沿或调试对话框来更改工作模式。 出现TRUE->FALSE下降沿时会激活由 Mode 指定的工作模式
ManualValue	REAL	用作手动模式下的PID输出值，须满足Config.OutputLowerLimit < ManualValue < Config.OutputUpperLimit
ErrorAck	BOOL	出现FALSE -> TRUE上升沿时，错误确认，清除已经解决的错误信息

参　数	数据类型	说　明
Reset	BOOL	重新启动控制器： • 出现FALSE->TRUE上升沿时，切换到未激活模式，同时复位ErrorBits和Warnings，清除积分作用（保留PID参数）。 • 只要Reset＝TRUE，PID_Compact便会保持在未激活模式下（State＝0）。 • 出现TRUE -> FALSE下降沿时，PID_Compact将切换到保存在Mode参数中的工作模式
ModeActivate	BOOL	出现FALSE -> TRUE上升沿时，PID_Compact将切换到保存在Mode参数中的工作模式

表9-2 PID Compact输出参数

参　数	数据类型	说　明
ScaledInput	REAL	标定的过程值
Output	REAL	PID的输出值（REAL形式）
Output_PER	INT	PID的输出值（模拟量）
Output_PWM	BOOL	PID的输出值（脉宽调制）
SetpointLimit_H	BOOL	如果SetpointLimit_H＝TRUE，则说明达到了设定值的绝对上限（Setpoint≥Config.SetpointUpperLimit）
SetpointLimit_L	BOOL	如果SetpointLimit_L＝TRUE，则说明已达到设定值的绝对下限（Setpoint≤Config.SetpointLowerLimit）
InputWarning_H	BOOL	如果InputWarning_H＝TRUE，则说明过程值已达到或超出警告上限
InputWarning_L	BOOL	InputWarning_L＝TRUE，则说明过程值已达到或低于警告下限
State	INT	State参数显示PID控制器的当前工作模式。可使用输入参数Mode和ModeActivate处的上升沿来更改工作模式： • State＝0：未激活。 • State＝1：预调节。 • State＝2：精确调节。 • State＝3：自动模式。 • State＝4：手动模式。 • State＝5：带错误监视的替代输出值
Error	BOOL	如果Error=TRUE，则此周期内至少有一条错误消息处于未决状态
ErrorBits	DWORD	ErrorBits参数显示了处于未决状态的错误消息。通过Reset或ErrorAck的上升沿来保持并复位ErrorBits

⚙➕注意

（1）若 PID 控制器未正常工作，则可以通过检查 PID 的输出状态 State 来判断 PID 的当前工作模式，并检查错误信息。

（2）当错误出现时，Error=1，错误解除后，Error=0，ErrorBits 会保留错误信息。可以通过编程清除错误离开后 ErrorBits 保留的错误信息。

PID_Compact V2 的输入输出参数 Mode 指定了 PID_Compact 将转换到的工作模式，具有断电保持特性，由沿激活来切换工作模式。PID_Compact V2 输入/输出参数如表 9-3 所示。

表9-3 PID_Compact V2的输入/输出参数

参　数	数据类型	说　明
Mode	INT	在Mode上，指定PID_Compact将转换到的工作模式： • State=0：未激活。 • State=1：预调节。 • State=2：精确调节。 • State=3：自动模式。 • State=4：手动模式
Mode	INT	工作模式由以下沿激活： • ModeActivate的上升沿。 • Reset的下降沿。 • ManualEnable的下降沿。 如果RunModeByStartup=TRUE，则冷启动CPU

错误代码定义如表 9-4 所示。

表9-4 错误代码定义

错误代码（DW#16#----）	说　明
0000	没有任何错误
0001	参数"Input"超出了过程值限值的范围，正常范围应为Config.InputLowerLimit < Input < Config.InputUpperLimit
0002	参数"Input_PER"的值无效。请检查模拟量输入是否有处于未决状态的错误
0004	精确调节期间出错，过程值无法保持振荡状态
0008	预调节启动时出错，过程值过于接近设定值，启动精确调节
0010	调节期间设定值发生更改，可在CancelTuningLevel变量中设置允许的设定值波动
0020	精确调节期间不允许预调节
0080	预调节期间出错，输出值限值的组态不正确，请检查输出值的限值是否已正确组态以及是否匹配控制逻辑
0100	精确调节期间的错误导致生成无效参数
0200	参数"Input"的值无效，即值的数字格式无效
0400	输出值计算失败，请检查PID参数
0800	采样时间错误，即循环中断OB的采样时间内没有调用PID_Compact
1000	参数"Setpoint"的值无效，即值的数字格式无效
10000	ManualValue参数的值无效，即值的数字格式无效
20000	变量SubstituteOutput的值无效，即值的数字格式无效。这时，PID_Compact使用输出值下限作为输出值
40000	Disturbance参数的值无效，即值的数字格式无效

> **注意** 如果多个错误同时处于待决状态,那么将通过二进制加法显示 ErrorBits 的值。例如,显示 ErrorBits = 0003h 表示错误 0001h 和 0002h 同时处于待决状态。

9.5 调用 PID Compact V2 的步骤

调用 PID Compact V2 的具体步骤如下:

步骤 01 依次选择"添加新块"→"组织块"→"Cyclic interrupt",如图 9-13 所示。

图 9-13 添加 Cyclic interrupt

步骤 02 添加循环中断。为保证以恒定的采样时间间隔执行 PID 指令,必须在循环 OB 中调用 PID 指令。

在"指令"→"工艺"→"PID 控制"→"Compact PID"→"PID_Compact"下,将 PID_Compact 指令添加至循环中断,如图 9-14 所示。

步骤 03 当添加完 PID_Compact 指令后,在"项目树"→"工艺对象"文件夹中会自动关联 PID_Compact_x[DBx],生成关联数据块,包含其组态界面和调试功能,如图 9-15 所示。

步骤 04 PID 组态设置。

使用 PID 控制器前,需要对它进行组态设置,组态设置分为基本设置、过程值设置、高级设置等部分,如图 9-16 所示。

图 9-14 在循环中断中添加
PID_Compact 指令

图 9-15　添加 PID_Compact DB 块

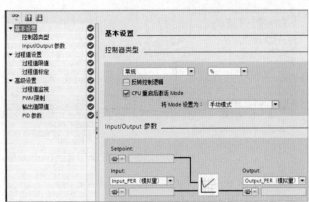

图 9-16　PID_Compact 组态界面

9.5.1　基本设置

基本设置分为两类：控制器类型和定义 Input/Output 参数。

1 控制器类型

（1）为设定值、过程值和扰动变量选择物理量和测量单位。

（2）正作用：随着 PID 控制器偏差的增大，输出值增大。

反作用：随着 PID 控制器偏差的增大，输出值减小。

PID_Compact 反作用时，可以勾选"反转控制逻辑"复选框，或者用负比例增益。

（3）要在 CPU 重启后切换到"模式"（Mode）参数中保存的工作模式，需勾选"在 CPU 重启后激活模式"复选框，如图 9-17 所示。

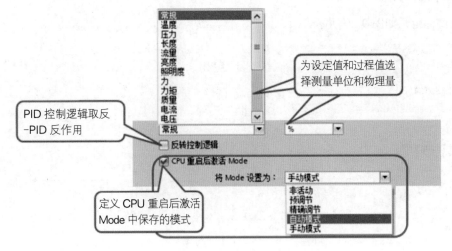

图 9-17　控制器类型设置

2 定义 Input/Output 参数

选择 PID_Compact 输入、输出变量的引脚和数据类型，如图 9-18 所示。

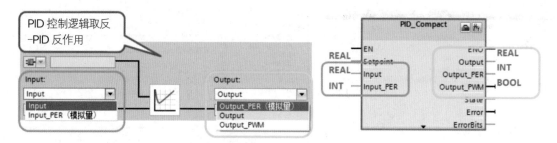

图 9-18 定义 Input/Output 参数

9.5.2 过程值设置

过程值设置分为两类：过程值限值和过程值标定。

1 过程值限值

过程值限值必须满足过程值下限＜过程值上限。如果过程值超出限值，就会出现错误 (ErrorBits = 0001h)，如图 9-19 所示。

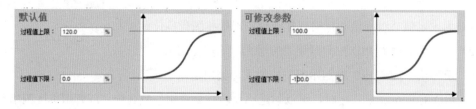

图 9-19 设置过程值限值

2 过程值标定

过程值标定，如图 9-20 所示。

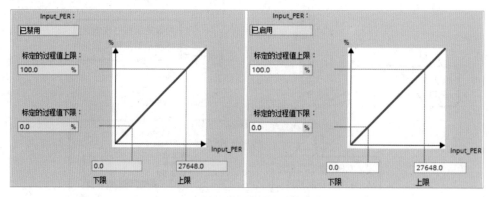

图 9-20 过程值标定

（1）当且仅当在 Input/Output 中输入选择为"Input_PER"时，才可组态过程值标定。

（2）如果过程值与模拟量输入值成正比，则将使用上下限值对来标定 Input_PER。

（3）必须满足范围的下限＜上限。

9.5.3 高级设置

高级设置分为 4 类：过程值监视、PWM 限制、输出值限制、手动输入 PID 参数。

1 过程值监视

过程值监视如图 9-21 所示。

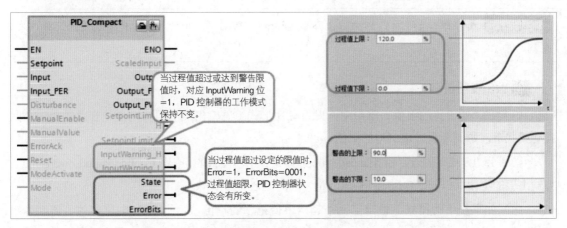

图 9-21　过程值监视设置

（1）过程值的监视限值范围需要在过程值限值范围之内。

（2）若过程值超过监视限值，则会输出警告。若过程值超过过程值限值，则 PID 输出报错，切换工作模式。

2 PWM 限制

输出参数 Output 中的值被转换为一个脉冲序列，该序列通过脉宽调制在输出参数 Output_PWM 中输出。在 PID 算法采样时间内计算 Output，在采样时间 PID_Compact 内输出 Output_PWM。PMW 的输出原理如图 9-22 所示。

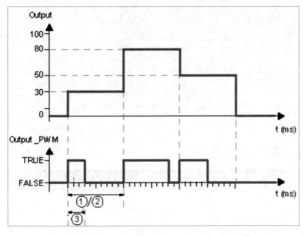

图 9-22　PID_Compact 的 PMW 输出原理

说明：

① PID_Compact 采样时间：循环中断事件。

② PID 算法采样时间：组态界面设置的 PID 参数。

③ 脉冲持续时间：Output 占空比。

PMW 输出值设置规则如下：

（1）为最大程度地减小工作频率并节省执行器，可延长最短开 / 关时间。

（2）如果要使用 Output 或 Output_PER，则必须分别将设置最短开关时间组态值设为 0.0。

（3）脉冲或中断时间永远不会小于最短开关时间。例如，在当前 PID 算法采样周期中，如果输出小于最短接通时间，则将不输出脉冲；如果输出大于 PID 算法采样时间（最短关闭时间），则整个周期输出高电平。

（4）在当前 PID 算法采样周期中，因小于最短接通时间未能输出脉冲的，会在下一个 PID 算法采样周期中累加和补偿由此引起的误差。

> 注意 最短开 / 关时间只影响输出参数 Output_PWM，不用于 CPU 中集成的任何脉冲发生器。

3 输出值限值

（1）在"输出值的限值"窗口中，以百分比形式组态输出值的限值。无论在手动模式还是自动模式下，都不要超过输出值的限值。

（2）手动模式下的设定值 ManualValue 必须是介于输出值的下限（Config.OutputLowerLimit）与输出值的上限（Config.OutputUpperLimit）之间的值。

（3）如果在手动模式下指定了一个超出限值范围的输出值，则 CPU 会将有效值限制为组态的限值。

（4）PID_Compact 可以通过组态界面中输出值的上限和下限修改限值。最广范围为 -100.0 ～ 100.0，如果采用 Output_PWM，则输出时限制为 0.0 ～ 100.0，如图 9-23 所示。

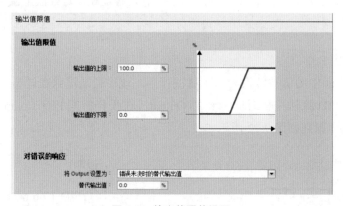

图 9-23 输出值限值设置

参数设置规则：上限 < 下限。

可设置的输出值范围如表 9-5 所示。

表9-5 输出值设置范围

参　数	设　定　值
Output	-100.0～100.0
Output_PER	-00.0～100.0
Output_PWM	0.0～100.0

4 手动输入 PID 参数

1）修改参数

在 PID Compact 组态界面可以修改 PID 参数，此处修改的参数对应工艺对象背景数据块 / Static/Retain/PID 参数，如图 9-24 所示。

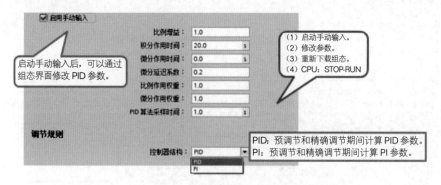

图 9-24　手动输入 PID 参数

通过组态界面修改参数后，需要重新下载组态并重启 PLC。建议直接对工艺对象背景数据块进行操作。

2）工艺对象背景数据块

PID Compact 指令的背景数据块属于工艺对象数据块，打开方式如图 9-25 所示。

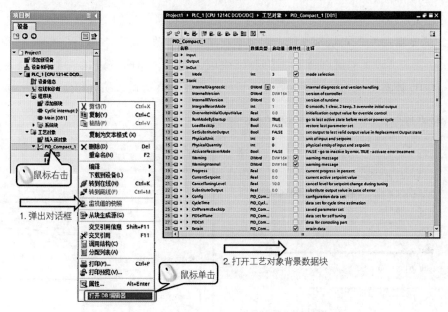

图 9-25　打开 PID Compact 工艺对象背景数据块

工艺对象背景数据块主要分为 10 部分：1-Input，2-Output，3-Inout，4-Static，5-Config，6-CycleTime，7-CtrlParamsBackUp，8-PIDSelfTune，9-PIDCtrl，10-Retain。其中 1、2、3 这部分参数在 PID_Compact 指令中有参数引脚。

工艺对象背景数据块的属性为优化的块访问，即以符号进行寻址。常用的 PID 参数，如比例增益、积分时间、微分时间，在工艺对象数据块 /Static/Retain 中，如图 9-26 所示。

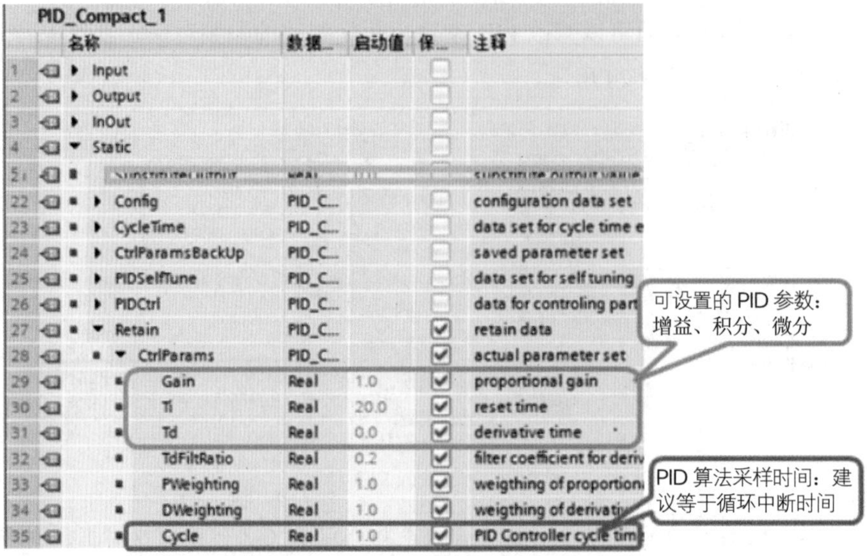

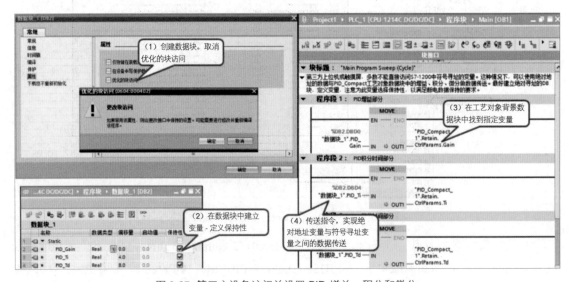

图 9-26 工艺对象数据块中的 PID 参数

3）工艺对象背景数据块的常见问题

如何通过触摸屏或第三方设备设置 PID Compact 的参数，如比例增益、积分时间、微分时间？

多数第三方设备或触摸屏不能直接访问 S7-1200 中符号寻址的变量。这种情况下，可以使用绝对地址的变量在 PID_Compact 工艺对象数据块中的增益、积分、微分的变量之间做数据传送，只需要在第三方设备的用户画面中访问对应的绝对地址变量即可。PID 参数修改后实时生效，不需要重启 PID 控制器和 PLC。第三方设备访问并设置 PID 增益、积分和微分如图 9-27 所示。

图 9-27 第三方设备访问并设置 PID 增益、积分和微分

（1）触摸屏访问的变量是绝对地址寻址，工艺对象背景数据块里对应变量是符号寻址。

（2）设置绝对地址变量的保持性，实现断电数据保持。

（3）通过指令实现绝对地址与符号地址变量之间的数据传送。

5 发生错误时的响应

发生错误时的响应如下：

（1）在 PID Compact V1 中，如果 PID 控制器出现错误，则 PID 会自动切换到未激活模式。在 PID Compact V2，可以预先设置错误响应时 PID 的输出状态，如图 9-28 所示，以便在发生错误时，控制器在大多数情况下均可保持激活状态。

图 9-28 PID 组态高级设置——对错误的响应

（2）如果控制器频繁发生错误，则建议检查 Errorbits 参数并消除错误原因。

根据组态界面所设置的"对错误的响应"，不同错误的响应状态也不一样，如表 9-6 所示。

表9-6 错误响应状态表

错误代码	非 活 动	错误待定时的当前值	错误未决时的替代输出值
0001H 0800H 40000H		自动模式下出现错误，PID_Compact仍保持自动模式（State=3），Error=1，输出错误发生前的最后一个有效值。错误离开后，Error=0，错误代码保留，PID_Compact 从自动模式开始运行	无
0002H 0200H 0400H 1000H	对于所有错误，PID均输出0.0，Error=1，会切换到未激活模式（State=0）。 当错误离开后，可通过Reset的下降沿或者ModeActive的上升沿来切换工作模式	无	自动模式下出现错误PID_Compact 切换到带错误监视的替代输出值模式（State=5），Error=1，输出组态的替换输出值。错误离开后，Error=0，错误代码保留，PID_Compact从自动模式开始运行
0004H 0008H 0010H 0080H 0100H		在调节过程中出现错误时，PID Compact取消调节模式，直接切换到Mode参数中保存的工作模式运行	无

（续表）

错误代码	非 活 动	错误待定时的当前值	错误未决时的替代输出值
0020H		精确调节期间无法再启动预调节，则PID_Compact的Error=1、State保持不变，即保持在精确调节模式	无
10000H		手动模式下发生错误则继续使用手动值作为输出，Error=1、State保持不变	如果手动值无效（10000H），则输出组态的替换输出值。当ManualValue中指定有效值后，Error=0、PID_Compact便会将它作为输出值
20000H		无	自动模式下发生错误需要输出替代值时，如果替代输出值无效，则PID Compact切换到带错误监视的替代输出值模式（State=5），并输出输出值的下限。错误离开后，PID Compact切换回自动模式

9.6 PID 自整定功能

PID 自整定是按照一定的数学算法，通过外部输入信号来激励系统，并根据系统的反应方式来确定 PID 参数。

9.6.1 功能介绍

PID 控制器要正常运行，需要符合实际运行系统及工艺要求的参数设置。由于每套系统都不完全一样，因此每套系统的控制参数也不相同。用户可以通过参数访问方式手动调试，在调试面板中观察曲线图后修改对应的 PID 参数。也可使用系统提供的参数自整定功能。

1 预调节

预调节功能可以确定对输出值跳变的过程响应，并搜索拐点。预调节根据受控系统的最大上升速率与时间计算 PID 参数，过程值越稳定，PID 参数就越容易计算，结果的精度也会越高。只要过程值的上升速率明显高于噪声，就可以容忍过程值的噪声。预调节最可能处于未激活和手动模式工作模式下。重新计算前会备份 PID 参数。

启动预调节的必要条件如下：

（1）已在循环中断 OB 中调用 PID_Compact 指令。

（2）ManualEnable = FALSE 且 Reset = FALSE。

（3）PID_Compact 处于下列模式之一：未激活、手动模式或自动模式。

（4）设定值和过程值均处于组态的限值范围内。

- |设定值 − 过程值 |>0.3 × |过程值上限 − 过程值下限 |
- |设定值 − 过程值 |>0.5 × |设定值 |

启动自整定曲线图如图 9-29 所示。

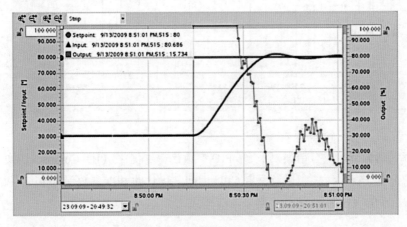

图 9-29　启动自整定曲线图

如果执行预调节时未产生错误消息，则表示 PID 参数调节完毕，PID_Compact 将切换到自动模式并使用已调节的参数。在电源关闭以及重启 CPU 期间，已调节的 PID 参数保持不变。如果无法实现预调节，PID_Compact 将切换到未激活模式。

2　精确调节

精确调节将使过程值出现恒定受限的振荡，根据此振荡的幅度和频率为操作点调节 PID 参数，所有 PID 参数都根据结果重新计算。精确调节得出的 PID 参数通常比预调节得出的 PID 参数具有更好的主控和扰动特性。PID_Compact 将自动尝试生成大于过程值噪声的振荡。过程值的稳定性对精确调节的影响非常小。重新计算前会备份 PID 参数。

启动精确调节的必要条件如下：

（1）已在循环中断 OB 中调用 PID_Compact 指令。

（2）ManualEnable = FALSE 且 Reset = FALSE。

（3）PID_Compact 处于下列模式之一：未激活、手动模式或自动模式。

（4）设定值和过程值均处于组态的限值范围内。

在操作点处，控制回路已稳定。过程值与设定值一致时，表明到达了操作点。运行自整定曲线如图 9-30 所示。

可以在未激活、自动或手动模式下启动精确调节。如果希望通过控制器调节来改进现有 PID 参数，那么建议在自动模式下启动精确调节。

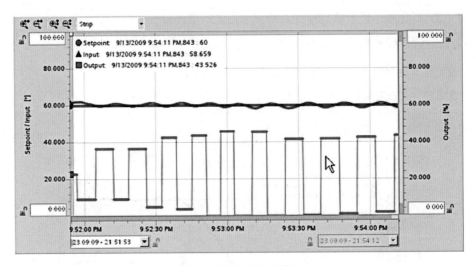

图 9-30 运行自整定曲线图

如果执行精确调节时没有错误，则表示 PID 参数已得到优化，PID_Compact 切换到自动模式，并使用优化的参数。在电源关闭以及重启 CPU 期间，优化的 PID 参数保持不变。如果精确调节期间出错，那么 PID_Compact 将切换到未激活模式。

3 调试面板

通过"项目树"→"PLC 项目"→"工艺对象"→"PID Compact"→"调试"打开调试面板，如图 9-31 所示。

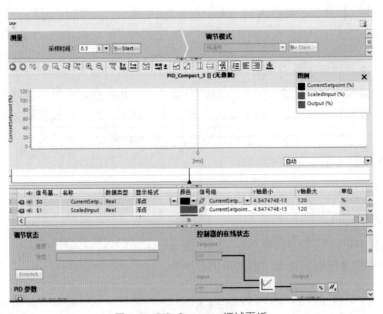

图 9-31 PID Compact 调试面板

（1）采样时间：选择调试面板测量功能的采样时间；启动：激活 PID Compact 趋势采集功能。调节模式：选择自整定方式；启动：激活调节模式。

（2）实时趋势图显示：以曲线方式显示 Setpoint（给定值）、Input（反馈值）、Output（输出值）。

（3）标尺：更改趋势中的曲线颜色和标尺中的最大 / 最小值。

（4）调节状态：显示进度条与调节状态。当调节完成后，自整定出的参数会实时更新至工艺对象背景数据块 /Retain/PID 参数中。

- ErrorAck：确认警告和错误，单击时 ErrorAck=Ture，释放时 ErrorAck=False。
- 上传 PID 参数：将调节出的参数更新至初始值。
- 转到 PID 参数：转换到组态界面 / 高级设置 /PID 参数。
- 当进度条或控制器调节功能看似受阻时，单击"调节模式"中的"Stop"图标，检查工艺对象的组态，必要时重新启动控制器调节功能。

（5）可监视给定、反馈、输出值的在线状态，并可手动强制输出值。Stop PID_Compact 表示禁用 PID 控制器至非活动状态。

上传参数时要保证软件与 CPU 之间的在线连接，并且调试模板要在测量模式，即能实时监控状态值。单击"上传"按钮后，PID 工艺对象背景数据块中显示的值与 CPU 中的值不一致，因为此时项目中工艺对象背景数据块的初始值与 CPU 中的不一致，可将此块重新下载。

9.6.2　PID_3Step V2 指令介绍

PID_3Step 与 PID_Compact 的指令参数类似，也主要分为两部分：输入参数与输出参数。其指令块的视图也包含集成视图与扩展视图，在不同的视图下所能看见的参数是不一样的。在集成视图中看到的参数为最基本的默认参数，如给定值、反馈值、输出值等，如图 9-32 所示。定义这些参数可实现控制器最基本的控制功能。而在扩展视图中，可以看到更多的相关参数，如手自动切换、模式切换等，如图 9-33 所示。使用这些参数可以使控制器具有更丰富的功能。

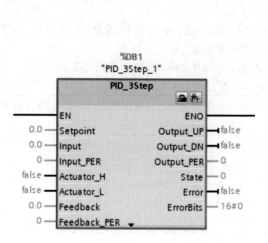

图 9-32　集成视图

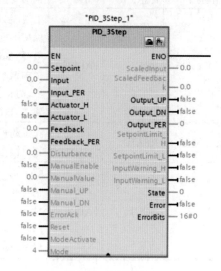

图 9-33　扩展视图

PID_3Step V2 的输入参数包括 PID 的设定值、过程值、手自动切换、故障确认、模式切换和 PID 重启参数，如表 9-7 所示。

表9-7 PID_3Step V2的输入参数

参　数	数据类型	默认值	说　明
Setpoint	REAL	0.0	PID控制器在自动模式下的设定值
Input	REAL	0.0	用户程序的变量用作过程值的源。 如果正在使用参数Input，则必须设置Config.InputPerOn = FALSE
Input_PER	INT	0	模拟量输入用作过程值的源。 如果正在使用参数Input_PER，则必须设置Config.InputPerOn = TRUE
Actuator_H	BOOL	FALSE	阀门处于上端停止位时的数字位置反馈。 如果Actuator_H = TRUE，则表明阀门处于上端停止位，并且不再向此方向移动
Actuator_L	BOOL	FALSE	阀门处于下端停止位时的数字位置反馈。 如果Actuator_L = TRUE，则表明阀门处于下端停止位，并且不再向此方向移动
Feedback	REAL	0.0	阀门的位置反馈。 如果正在使用参数Feedback，则必须设置 Config.FeedbackPerOn = FALSE
Feedback_PER	INT	0	阀门的模拟位置反馈 如 果 正 在 使 用 参 数 Feedback_PER，则必须设置 Config.FeedbackPerOn = TRUE。 根据以下变量标定 Feedback_PER： • Config.FeedbackScaling.LowerPointIn • Config.FeedbackScaling.UpperPointIn • Config.FeedbackScaling.LowerPointOut • Config.FeedbackScaling.UpperPointOut
Disturbance	REAL	0.0	扰动变量或预控制值
ManualEnable	BOOL	FALSE	出现FALSE -> TRUE上升沿时会激活手动模式，而State = 4和Mode保持不变。 只要ManualEnable = TRUE，便无法通过ModeActivate的上升沿或使用调试对话框来更改工作模式。 出现TRUE -> FALSE下降沿时会激活由Mode指定的工作模式。 建议只使用ModeActivate更改工作模式
ManualValue	REAL	0.0	在手动模式下指定阀门的绝对位置。只有在使用 Output_PER，或位置反馈可用时，才对ManualValue进行评估
Manual_UP	BOOL	FALSE	Manual_UP = TRUE：即使正在使用Output_PER或位置反馈，阀门也打开。如果已达到上端停止位，则阀门将不再移动。 Manual_UP = FALSE：如果正在使用Output_PER或位置反馈，则阀门移至ManualValue。否则阀门不再移动。 如果Manual_UP和Manual_DN同时设置为 TRUE，则阀门不移动

（续表）

参　数	数据类型	默 认 值	说　明
Manual_DN	BOOL	FALSE	Manual_DN = TRUE：即使正在使用Output_PER或位置反馈，阀门也关闭。如果已达到下端停止位，则阀门将不再移动。 Manual_DN = FALSE：如果正在使用Output_PER或位置反馈，则阀门移至ManualValue。否则阀门不再移动
ErrorAck	BOOL	FALSE	FALSE -> TRUE上升沿。 将复位ErrorBits和Warning
Reset	BOOL	FALSE	重新启动控制器。 FALSE -> TRUE上升沿：切换到未激活模式，将复位ErrorBits和Warnings。 只要Reset = TRUE，则PID_3Step将保持在未激活模式下（State = 0）。无法通过Mode和ModeActivate或ManualEnable更改工作模式，无法使用调试对话框。 TRUE -> FALSE下降沿：如果 ManualEnable = FALSE，则PID_3Step 会切换到保存在Mode中的工作模式。 如果 Mode = 3，则会将积分作用视为已通过变量 IntegralResetMode进行组态
ModeActivate	BOOL	FALSE	FALSE -> TRUE上升沿。 PID_3Step 将切换到保存在Mode 参数中的工作模式

　　PID_3Step V2 的输出参数包括 PID 的输出值（数字量、模拟量）、标定的过程值、限位报警（设定值、过程值）、PID 的当前工作模式、错误状态及错误代码，如表 9-8 所示。

表9-8　PID_3Step V2的输出参数

参　数	数据类型	默 认 值	说　明
ScaledInput	REAL	0.0	标定的过程值
ScaledFeedback	REAL	0.0	标定的位置反馈。 对于没有位置反馈的执行器，由ScaledFeedback指示的执行器位置非常不精确，这种情况下，ScaledFeedback只可用于粗略估计当前位置
Output_UP	BOOL	FALSE	用于打开阀门的数字量输出值。 如果Config.OutputPerOn = FALSE，则使用参数Output_UP
Output_DN	BOOL	FALSE	用于关闭阀门的数字量输出值。 如果Config.OutputPerOn = FALSE，则使用参数Output_DN
Output_PER	INT	FALSE	模拟量输出值。 如果Config.OutputPerOn = TRUE，则使用Output_PER。 如果将一个阀门用作通过模拟量输出进行触发并使用连续信号（例如，0...10 V或4...20 mA）进行控制的执行器，则使用Output_PER。Output_PER的值与阀门的目标位置相对应，例如，当阀门打开50%时，Output_PER = 13824

（续表）

参 数	数据类型	默 认 值	说 明
SetpointLimit_H	BOOL	FALSE	如果SetpointLimit_H = TRUE，则说明达到了设定值的绝对上限（Setpoint ≥ Config.SetpointUpperLimit）。 此设定值将限制为 Config.SetpointUpperLimit
SetpointLimit_L	BOOL	FALSE	如果SetpointLimit_L = TRUE，则说明已达到设定值的绝对下限（Setpoint ≤ Config.SetpointLowerLimit）。 此设定值将限制为Config.SetpointLowerLimit
InputWarning_H	BOOL	FALSE	如果InputWarning_H = TRUE，则说明过程值已达到或超出警告上限
InputWarning_L	BOOL	FALSE	如果InputWarning_L = TRUE，则说明过程值已经达到或低于警告下限
State	INT	0	State参数显示了PID控制器的当前工作模式。可使用输入参数Mode和ModeActivate处的上升沿更改工作模式。 • State = 0：未激活。 • State = 1：预调节。 • State = 2：精确调节。 • State = 3：自动模式。 • State = 4：手动模式。 • State = 5：逼近替代输出值。 • State = 6：转换时间测量。 • State = 7：错误监视。 • State = 8：在监视错误的同时逼近替代输出值。 • State = 10：无停止位信号的手动模式
Error	BOOL	FALSE	如果 Error = TRUE，则此周期内至少有一条错误消息处于未决状态
ErrorBits	DWORD	DW#16#0	ErrorBits 参数显示了处于未决状态的错误消息。通过 Reset或ErrorAck的上升沿来保持并复位ErrorBits

PID_3Step V2 的输入输出参数 Mode 指定了 PID_3Step 将转换到的工作模式，具有断电保持特性，由沿激活切换工作模式，如表 9-9 所示。

表9-9 PID_3Step V2的输入输出参数

参 数	数据类型	默 认 值	说 明
Mode	INT	4	在模式参数中，指定PID_3Step将要切换到的工作模式。选项包括： • Mode = 0：未激活。 • Mode = 1：预调节。 • Mode = 2：精确调节。 • Mode = 3：自动模式。 • Mode = 4：手动模式。 • Mode = 6：转换时间测量。 • Mode = 10：无停止位信号的手动模式。

（续表）

参　数	数据类型	默认值	说　明
Mode	INT	4	工作模式由以下沿激活： • ModeActivate的上升沿。 • Reset的下降沿。 • ManualEnable的下降沿。 如果RunModeByStartup = TRUE，则冷启动CPU

> **注意** 当 ManualEnable = TRUE 时，无法通过 ModeActivate 的上升沿或使用调试对话框来更改工作模式。

若 RunModeByStartup = TRUE，则 CPU 启动后以保存在 Mode 参数中的工作模式启动。若 RunModeByStartup = FALSE，则 CPU 启动后仍保持"未激活"模式。RunModeByStartup 为 PID_3Step 背景 DB 块内的静态变量，默认值为 TRUE，变量在 DB 块内具体位置如图 9-34 所示。

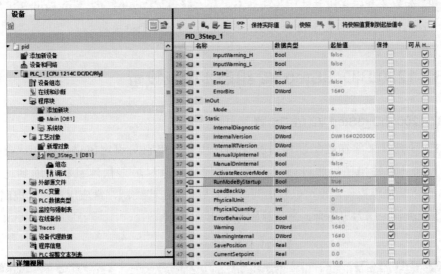

图 9-34　PID_3Step V2 背景 DB 块参数

当 PID 出现错误时，通过捕捉 Error 的上升沿，将 ErrorBits 传送至全局地址，从而获得 PID 的错误信息，如表 9-10 所示。

表9-10　ErrorBits参数

ErrorBits (DW#16#...)	说　明
0000	没有任何错误
0001	参数Input超出了过程值限值的范围，Input>Config.InputUpperLimit或Input < Config.InputLowerLimit
0002	参数Input_PER的值无效。请检查模拟量输入是否有处于未决状态的错误
0004	精确调节期间出错。过程值无法保持振荡状态
0010	调节期间设定值发生更改。可在CancelTuningLevel变量中设置允许的设定值波动

（续表）

ErrorBits (DW#16#...)	说　明
0020	精确调节期间不允许预调节
0080	预调节期间出错。未正确组态输出值限值或实际值未按预期响应
0100	精确调节期间的错误导致生成无效参数
0200	参数Input的值无效，值的数字格式无效
0400	输出值计算失败。请检查PID参数
0800	采样时间错误，未在周期中断OB的采样时间内调用 PID_3Step
1000	参数Setpoint的值无效，值的数字格式无效
2000	Feedback_PER参数的值无效
4000	Feedback参数的值无效，值的数字格式无效
8000	数字位置反馈出现错误，Actuator_H = TRUE和Actuator_L = TRUE
10000	ManualValue参数的值无效，值的数字格式无效
20000	变量SavePosition的值无效，值的数字格式无效
40000	Disturbance参数的值无效，值的数字格式无效

> **注意** 如果多个错误同时处于待决状态，那么将通过二进制加法显示 ErrorBits 的值。例如，显示 ErrorBits = 0003h 表示错误 0001h 和 0002h 同时处于待决状态。

9.6.3 S7-1200 PID_3Step V2 组态步骤及设置

1 S7-1200 PID_3Step V2 组态步骤

PID_3Step 连续采集在控制回路内测量的过程值并将它与设定值进行比较，根据所生成的控制偏差来计算输出值，通过该输出值，过程值可以尽可能快速且稳定地到达设定值。PID_3Step 可以输出模拟量，也可以输出两个开关量实现三步控制，常应用在通过控制电动阀的正反转来控制流量、压力等场合。三步控制如表 9-11 所示。

表9-11 PID_3Step三步控制

模　式	Manual_UP	Manual_DN	Output_UP	Output_DN	结　果
Mode=4（手动模式）	1	0	1	0	沿打开状态方向移动阀门
	0	1	0	1	沿关闭状态方向移动阀门
	1	1	0	0	停止移动阀门

PID_3Step 可组态以下 3 种控制器：

（1）带位置反馈的三步进控制器。

（2）不带位置反馈的三步进控制器。

（3）具有模拟量输出值的阀门控制器。

PID_3Step 指令的调用与 PID_Compact 调用方法相同，在使用 PID_3Step 控制器之前，需要在 PID 工艺对象中对它进行组态设置，主要分为：基本设置、过程值设置、执行器设置、高级设置。

2 基本设置

1）控制器类型

控制器类型设置与 PID_Compact V2 设置
基本相同，详细可见 10.5.1 节。PID_3Step 增
加了"转换时间测量"模式，用它来检测执行
器从关到开所需的行程时间，如图 9-35 所示。

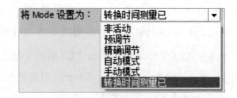

图 9-35　PID_3Step 模式设置

2）Input 和 Output 参数

可以选择过程值、PID 输出的类型及执行器反馈信号选择等参数，如图 9-36 所示。

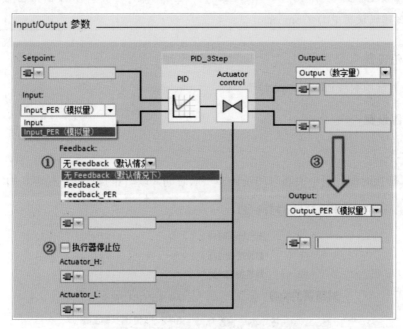

图 9-36　PID_3Step Input/Output 类型参数设置

说明：

① 执行器反馈信号类型选择：

- 无 Feedback：没有执行器位置反馈信号。
- Feedback：输入标定后的执行器模拟量反馈信号。
- Feedback_PER：输入未标定的执行器模拟量反馈信号。

② 勾选"执行器停止位"复选框以激活上、下限停止位功能：

- Actuator_H：执行器上限停止位。
- Actuator_L：执行器下限停止位。

③ PID 输出类型选择：

- Output（数字量）：PID 数字量输出 Output_UP / Output_DN。Output_UP 沿打开状态方向移动阀门，Output_DN 沿关闭状态方向移动阀门。

- Output_PER（模拟量）：PID 模拟量输出值范围为 0 ～ 27648。通过连续信号（如 0...10 V 或 4...20 mA）控制该执行器。Output_PER 的值与阀门的目标位置相对应，例如，当阀门打开 50% 时，Output_PER = 13824。

> **注意** 当选择 PID 输出为模拟量时，PID_3Step 与 PID_Compact 的自动调节和抗积分饱和功能略有不同。PID_3Step 会将因电机转换时间所致的模拟量输出值对过程的延迟影响考虑在内。如果相关电机转换时间并未影响过程（如使用电磁阀），即 PID 输出值直接且完全影响过程，那么建议使用 PID_Compact。

3 过程值设置

过程值设置选项卡与 PID_Compact V2 一样。

4 执行器设置

1）执行器

设置电机转换时间、最小关断时间及最小接通时间，以防止执行器被损坏，如图 9-37 所示。

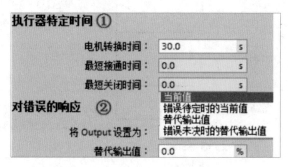

图 9-37 PID_3step 执行器设置

说明：

① 执行器特定时间：

- 电机转换时间：执行器动作从下限停止位到上限停止位所需的时间（以秒为单位）。

- 最短接通时间和最短关闭时间与 PID_Compact V2 设置相同。

② 对错误的响应与 PID_Compact V2 一致，详细可见 10.5.3 节。

2）输出值限制

当选择输出类型为 Output_PER 时，PID_3Step 的输出限制将被激活，与 PID_Compact V2 一致，详细可见 10.5.3 节。

3）反馈标定

当启用执行器模拟阀位反馈时，可通过阀位开度的模拟量反馈信号标定阀门的实际开度，如图 9-38 所示。

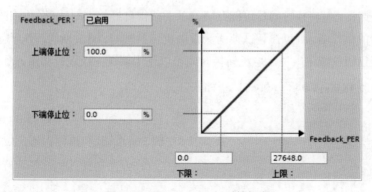

图 9-38　PID_3Step 阀门反馈标定

5　高级设置

1）过程值监视

过程值监视与 PID_Compact V2 一致，详细可见 10.5.3 节。

2）PID 参数

PID 参数与 PID_Compact V2 相比，增加了死区功能。在控制系统中，执行机构如果动作频繁，就会导致小幅震荡造成机械磨损，很多控制系统允许被控量在一定范围内存在误差，该误差称为 PID 的死区，其大小称为死区宽度，参数如图 9-39 所示。

当过程值满足 SP－"死区宽度"＜ PV ＜ SP＋"死区宽度"时，PID 停止调节并保持输出不变，如图 9-40 所示。

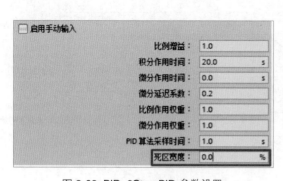

图 9-39　PID_3Step PID 参数设置

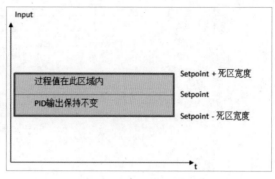

图 9-40　PID_3Step 死区控制

3）自整定

PID_3Step 的预调节、精确调节与 PID_Compact V2 类似。由于支持开关类执行器位置反馈，因此可以测量电机的转换时间。

4）电机转换时间

电机转换时间是执行器动作从下限停止位到上限停止位所需的时间。简单来说，也就是执行器从全关到全开所需的时间。

PID_3Step 要求电机转换时间尽可能准确，以便获得良好的控制效果。如果使用提供位置反馈或停止位信号的执行器，则可在调试期间测量电机转换时间。测量期间，不考虑输出值的限值，执行器可行进至上限位或下限位。电机转换时间可以使用调试面板进行测量，如图 9-41 所示。

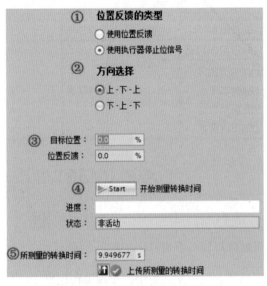

图 9-41 PID_3Step 电机转换时间测量

说明：

① 位置反馈类型：与 Input/Output 选项卡中的 Feedback 和执行器停止位设置相关。

② 方向选择：执行器运行轨迹。

③ 目标位置：到达此位置时结束测量转换时间。

④ 开始测量按钮及测量状态。

⑤ 显示"所测量的转换时间"，可通过"上传所测量的转换时间"将测量结果上传至项目。

如果位置反馈或停止位信号均不可用，则无法测量电机转换时间，可以在组态界面内设置人工测量出的电机转换时间。

5）预调节

PID_3Step 支持模拟量输出与数字量输出，模拟量输出的预调节曲线与 PID_Compact V2 相同，数字量输出的预调节曲线如图 9-42 所示。

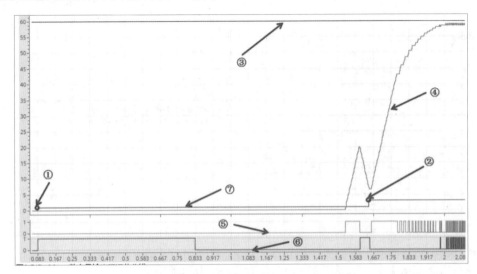

图 9-42 PID_3Step 数字量输出预调节曲线

说明：

① 开始自整定 State=1。

② 自整定完成，State =3。

③ 设定值曲线。

④ 过程值曲线。

⑤ Output_UP。

⑥ Output_DN。

⑦ State 曲线。

启动预调节的必要条件如下：

（1）已在循环中断 OB 中调用 PID_3Step。

（2）ManualEnable= FALSE 且 Reset= FALSE。

（3）已对电机转换时间进行了设置与测量。

（4）PID_3Step 处于以下模式之一：未激活、手动模式、自动模式。

（5）设定值和过程值均处于组态的限值范围内。

如果执行预调节时未产生错误消息，则 PID 表示参数已调节完毕，PID_3Step 将切换到自动模式并使用已调节的参数。在电源关闭以及重启 CPU 期间，已调节的 PID 参数保持不变。

如果无法实现预调节，那么 PID_3Step 将根据已组态的响应对错误做出反应。

6）精确调节

PID_3Step 数字量输出精确调节曲线如图 9-43 所示。

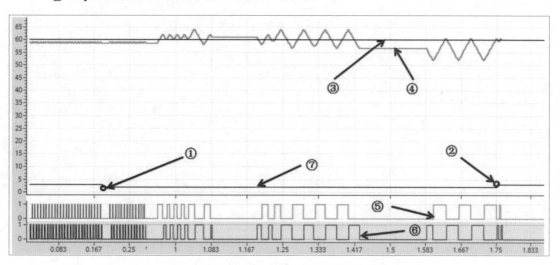

图 9-43　PID_3Step 数字量输出精确调节曲线

说明：

① 开始自整定 State=2。

② 自整定完成 State =3。

③ 设定值曲线。

④ 过程值曲线。

⑤ Output_UP。

⑥ Output_DN。

⑦ State 曲线。

启动精确调节的必要条件如下：

（1）已在循环中断 OB 中调用 PID_3Step 指令。

（2）ManualEnable= FALSE 且 Reset= FALSE。

（3）已对电机转换时间进行了设置与测量。

（4）PID_3Step 处于以下模式之一：未激活、手动模式、自动模式。

（5）设定值和过程值均处于组态的限值范围内。

（6）在操作点处，控制回路已稳定。过程值与设定值一致时，表明到达了操作点。

（7）能被干扰。

如果在精确调节期间未产生错误，则表示 PID 参数已调节完毕，PID_3Step 将切换到自动模式并使用已调节的参数。在电源关闭以及重启 CPU 期间，已调节的 PID 参数保持不变。

如果精确调节期间出现错误，那么 PID_3Step 将根据已组态的响应对错误做出反应。

第 10 章

S7-1200 与 G120 变频器进行 USS 通信

西门子 S7-1200 紧凑型 PLC 在当前的市场中有着广泛的应用，作为经常与 SINAMICS G120 系列变频器共同使用的 PLC，其 USS 通信协议一直在市场上有着非常广泛的应用。本章主要介绍如何使用 USS 通信协议来实现 S7-1200 与 G120 变频器的通信。

10.1 USS 概述

10.1.1 USS 协议介绍

USS（Universal Serial Interface，即通用串行通信接口）是西门子专为驱动装置开发的通信协议，多年来一直在不断地发展、完善。USS 提供了一种低成本的、比较简易的通信控制途径，由于其本身的设计，USS 不能用在对通信速率和数据传输量有较高要求的场合。在这些对通信要求高的场合，应当选择实时性更好的通信方式，如 PROFIBUS-DP 等。在进行系统设计时，必须考虑到 USS 的这一局限性。

USS 协议的基本特点如下：

（1）支持多点通信（因而可以应用在 RS 485 等网络上）。

（2）采用单主站的"主—从"访问机制。

（3）一个网络上最多可以有 32 个节点（最多 31 个从站）。

（4）简单可靠的报文格式，使数据传输灵活高效。

USS 通信总是由主站发起，USS 主站不断循环轮询各个从站，从站根据收到的指令，决定是否响应，以及如何响应。从站永远不会主动发送数据。从站在满足以下条件时做出应答：接收到的主站报文没有错误，并且该从站在接收到的主站报文中被寻址。

若上述条件不满足，或者主站发出的是广播报文，则从站不会做任何响应。

10.1.2 USS 协议的通信数据格式

1）USS 通信数据报文格式

USS 通信数据报文格式如表 10-1 所示。

表10-1 USS通信数据报文格式

STX	LGE	ADR	DATA	BCC

通信数据报文参数说明：

- STX：起始字符，1 字节。
- LGE：报文长度。
- ADR：从站地址及报文类型。
- DATA：数据区。
- BCC：校验符。

2）数据区由 PKW 区和 PZD 区组成

数据区由 PKW 区和 PZD 区组成，如表 10-2 所示。

表10-2 数据区

PKW			PZD
PKE	IND	PWE1,PKE2,…,PKEn	PZD1,PZD2,…,PZDn

- PKW 区：用于读写参数值、参数定义或参数描述文本，并可修改和报告参数的改变。
- PZD 区：为过程控制数据区，包括控制字/状态字和设定值/实际值，最多有 16 个字。
  - PZD 区的 PZD1 是控制字/状态字，用来设置和监测变频器的工作状态，如运行/停止、方向控制和故障复位/故障指示等。
  - PZD 区的 PZD2 为设定频率，按有符号数设置，正数表示正转，负数表示反转。当 PZD2 为 0000Hex ～ 7FFFHex 时，表示是变频器。

对于主站来说，从站必须在接收到主站报文之后的一定时间内做出响应，否则主站将视之为出错。

10.2　USS 通信原理与函数块编程

10.2.1　S7-1200 PLC 与 G120 通过 USS 通信的基本原理

S7-1200 PLC 提供了专用的 USS 库进行 USS 通信，如图 10-1 所示。

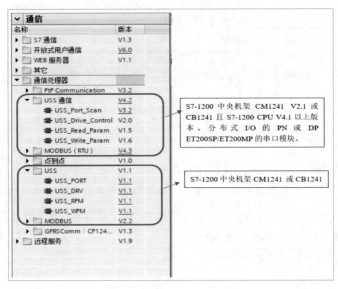

图 10-1　S7-1200 PLC 专用 USS 库

（1）USS_PORT 函数块是 S7-1200 与变频器进行 USS 通信的接口，主要设置通信的接口参数。可在主 OB 或中断 OB 中调用。

（2）USS_DRV 函数块是 S7-1200 USS 通信的主体函数块，接收变频器的信息和控制变频器的指令都是通过这个功能块来完成的。必须在主 OB 中调用，不能在循环中断 OB 中调用。

（3）USS_RPM 函数块通过 USS 通信读取变频器的参数。必须在主 OB 中调用，不能在循环中断 OB 中调用。

（4）USS_WPM 函数块通过 USS 通信设置变频器的参数。必须在主 OB 中调用，不能在循环中断 OB 中调用。

USS_DRV 函数块通过 USS_DRV_DB 数据块实现与 USS_PORT 函数块的数据接收与传送，而 USS_PORT 函数块是 S7-1200 PLC CM1241 RS485 模块与变频器之间的通信接口。USS_RPM 函数块和 USS_WPM 函数块与变频器的通信与 USS_DRV 函数块的通信方式是相同的。

每个 S7-1200 CPU 最多可带 3 个通信模块，而每个 CM1241 RS485 通信模块最多支持 16 个变频器，因此用户在一个 S7-1200 CPU 中最多可建立 3 个 USS 网络，而每个 USS 网络最多支持 16 个变频器，总共最多支持 48 个 USS 变频器。

10.2.2 USS 函数块编辑

1 USS_PORT 函数块编辑

USS_PORT 函数块用来处理 USS 网络上的通信，它是 S7-1200 CPU 与变频器的通信接口。每个 CM1241 RS485 模块有且必须有一个 USS_PORT 函数块。

USS_PORT 函数块的编辑如图 10-2 所示。

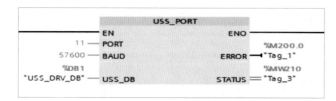

图 10-2 USS_PORT 函数块的编辑

说明：

- PORT：指的是通过哪个通信模块进行 USS 通信。
- BAUD：指的是和变频器进行通行的速率。在变频器的参数 P2010 中进行设置。
- USS_DB：指的是和变频器通信时的 USS 数据块。每个通信模块最多可以有 16 个 USS 数据块，每个 CPU 最多可以有 48 个 USS 数据块，具体的通信情况要和现场实际情况相联系。每个变频器与 S7-1200 进行通信的数据块是唯一的。
- ERROR：输出错误。
- STATUS：扫描或初始化的状态。

S7-1200 PLC 和变频器的通信与它本身的扫描周期是不同步的，在完成一次与变频器的通信事件之前，S7-1200 通常完成了多个扫描。

USS_PORT 通信的时间间隔是 S7-1200 与变频器通信所需要的时间，不同的通信波特率对应不同的 USS_PORT 通信间隔时间。表 10-3 列出了不同的波特率对应的 USS_PORT 最小通信间隔时间。

表10-3 不同的波特率对应的USS_PORT最小通信间隔时间

波 特 率	最小呼叫间隔（milliseconds）	驱动器消息超时时间间隔（milliseconds）
1200	790	232270
2400	405	1215
4800	212.5	638
9600	116.3	349
19200	68.2	205
38400	44.1	133
57600	36.1	109
115200	28.1	85

USS_PORT 在发生通信错误时，通常进行 3 次尝试来完成通信事件，S7-1200 与变频器通信的时间就是 USS_PORT 发生通信超时的时间间隔。例如：如果通信波特率是 57600，那么 USS_PORT 与变频器通信的时间间隔应当大于最小的调用时间间隔而小于最大的调用时间间隔，即大于 36.1ms 而小于 109ms。S7-1200 USS 协议库默认的通信错误超时尝试次数是 2 次。

基于以上的 USS_PORT 通信时间的处理，建议在循环中断 OB 块中调用 USS_PORT 通信函数块。在建立循环中断 OB 块时，可以设置循环中断 OB 块的扫描时间，以满足通信的要求。循环中断 OB 块的扫描时间的设置如图 10-3 所示。

图 10-3 循环中断 OB 块的扫描时间设置

2 USS_DRV 函数块的编辑

USS_DRV 函数块用来与变频器交换数据，从而读取变频器的状态以及控制变频器的运行。每个变频器使用唯一的一个 USS_DRV 函数块，但是同一个 CM1241 RS485 模块的 USS 网络的所有变频器（最多 16 个）都使用同一个 USS_DRV_DB。在编程第一条 USS_DRIVE 指令时必须创建 DB 名称，然后在插入初始指令时重用该 DB。

在首次执行 USS_DRIVE 指令时，USS 地址（DRIVE 参数）表示的驱动器在背景 DB 中初始化。在这次初始化后，后续 USS_PORT 指令可以启动与该驱动器编号所对应的驱动器的通信。

要更改驱动器编号，要求 PLC 从 STOP 切换到 RUN 模式，这会初始化该背景 DB。输入参数组态到 USS 发送缓冲区中，输出从"上一个"有效的响应缓冲区（如果存在）中读取。执行 USS_DRIVE 指令期间，没有数据传输。执行 USS_PORT 与驱动装置进行数据通信，USS_DRIVE 将只组态待发送的消息并评估上一个请求中所接收的数据。

可以使用 DIR（BOOL）输入或使用 SPEED_SP（REAL）输入的符号（正号或负号）来控制驱动器的旋转方向。

USS_DRV 函数块的编辑如图 10-4 所示。

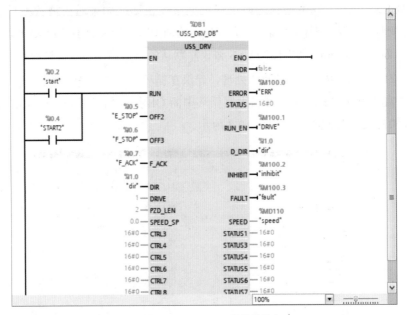

图 10-4 USS_DRV 函数块的编辑

说明：

- USS_DRV_DB：指定变频器进行 USS 通信的数据块。

- RUN：指定 DB 块的变频器启动指令。

- OFF2：紧急停止，自由停车。该位为 0 时停车。

- OFF3：快速停车，带制动停车。该位为 0 时停车。

- F_ACK：变频器故障确认。

- DIR：变频器控制电机的转向。

- SPEED_SP：变频器的速度设定值。

- ERROR：程序输出错误。

- RUN_EN：变频器运行状态指示。

- D_DIR：变频器运行方向状态指示。

- INHIBIT：变频器是否被禁止的状态指示。

- FAULT：变频器故障。

- SPEED：变频器的反馈的实际速度值。

- DRIVE：变频器的 USS 站地址。由变频器参数 P2011 设置。

- PZD_LEN：变频器的循环过程字。由变频器参数 P2012 设置。

> 注意 在这里需要特别注意变频器的 PKW 的长度，在使用 USS 通信时，PKW 的长度必须是 4，如果改成 3 或者 127 都将不能读取反馈回来的过程值。

3 USS_RPM 函数块的编辑

USS_RPM 函数块用于通过 USS 通信从变频器读取参数。指定给一个 USS 程序段和一个 PtP 通信模块的所有 USS 函数必须使用同一个数据块。USS_RPM 必须从主程序 OB 中调用。USS_RPM 函数块的编辑如图 10-5 所示。

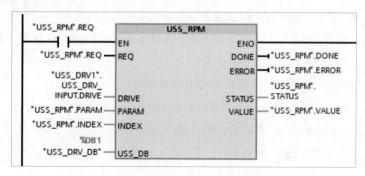

图 10-5　USS_RPM 函数块的编辑

说明:

- REQ:该位为真时,表示需要新的读请求。
- DRIVE:变频器的 USS 地址,有效范围为 1 ~ 16。
- PARAM:变频器的参数编号,该参数的范围为 0 ~ 2047。
- INDEX:变频器的参数索引,INDEX 指示写入的驱动器参数索引。
- USS_DB:将 USS_DRV 指令放入程序时创建并初始化的背景数据块的名称。
- VALUE:这是已读取的参数的数值,仅当 DONE 位为真时才有效。
- DONE:若该参数为真,则表示 VALUE 输出包含先前请求的读取参数值。
- ERROR:出现错误,ERROR 为真时,表示发生错误并且 STATUS 输出有效。
- STATUS:表示读请求的结果。

> 注意　进行读取参数函数块编程时,各个数据的数据类型一定要正确对应。如果需要设置变量读取参数,那么就要注意该参数变量的初始值不能为 0,否则容易产生通信错误。

4 USS_WPM 函数块的编辑

UUSS_WPM 函数块用于通过 USS 通信设置变频器的参数。指定给一个 USS 程序段和一个 PtP 通信模块的所有 USS 函数必须使用同一个数据块。USS_WPM 必须从主程序 OB 中调用。USS_WPM 函数块的编辑如图 10-6 所示。

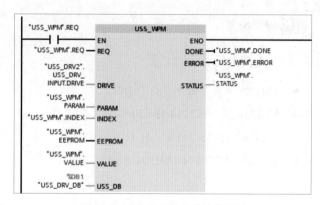

图 10-6　USS_WPM 函数块的编辑

说明：

- REQ：该位为真时，表示需要新的写请求。
- DRIVE：变频器的 USS 站地址，有效范围为 1 ～ 16。
- PARAM：变频器的参数编号，该参数的范围为 0 ～ 2047。
- INDEX：变频器的参数索引，INDEX 指示写入的驱动器参数索引。
- EEPROM：该参数为真时，写驱动器参数将存储在驱动器 EEPROM 中；如果为假，则写操作是临时的，在驱动器循环上电后不会保留。
- VALUE：要写入的参数值，它只在 REQ 切换时有效。
- USS_DB：将 USS_DRV 指令放入程序时创建并初始化的背景数据块的名称。
- DONE：若该参数为真，则表示 VALUE 已写入驱动器。
- ERROR：出现错误，ERROR 为真时，表示发生错误并且 STATUS 输出有效。
- STATUS：表示写请求的结果。

> **注意** 对写入参数函数块编程时，各个数据的数据类型一定要正确对应。如果需要设置变量写入参数值时，那就需要注意该参数变量的初始值不能为 0，否则容易产生通信错误。

10.2.3 工程实例

以下我们通过一个西门子 S7-1200 PLC 通过 CM1241 模块与变频器通信的实例来介绍 USS 的应用。

S7-1200 PLC 目前有 3 种类型的 CPU 支持 USS：

（1）S7-1211C CPU。

（2）S7-1212C CPU。

（3）S7-1214C CPU。

这 3 种类型的 CPU 都可以使用 USS 通信协议通过通信模块 CM1241 RS485 来实现 S7-1200 与 G120 变频器的通信。

1 硬件配置

（1）本例中使用的 PLC 硬件：

- PM1207 电源（6EP1 332-1SH71）。
- S7-1214C（6ES7 214-1BE30-0XB0）。
- CM1241 RS485（6ES7 241-1CH30-0XB0）。
- 模拟器（6ES7 274-1XH30-0XA0）。

（2）本例中使用的 G120 变频器硬件：

- SINAMICS G120 PM240（6SL3244-0BA20-1BA0）。

- SINAMICS G120 CU240S（6SL3224-0BE13-7UA0）。

- SIEMENS MOTOR（1LA7060-4AB10）。

- 操作面板（XAU221-001469）。

- USS 通信电缆（6XV1830-0EH10）。

（3）变频器通信参数设置如表 10-4 所示。

表10-4 变频器参数

序　号	功　能	参　数	设　定　值
1	工厂设置复位	P0010	30
2	工厂设置复位	P970	1
3	快速启动设置	P0010	1
4	电机额定电压	P0304	380 V
5	电机额定功率	P0307	5.5 kW
6	电机额定频率	P0310	50 Hz
7	电机额定转速	P0311	1350r/min
8	USS命令源	P0700	5
9	频率设定源	P0100	5
10	最小电机频率	P1080	0.0 Hz
11	最大电机频率	P1081	50.0 Hz
12	启动斜坡时间	P1120	10.0 S
13	延迟斜坡时间	P1121	10.0 S
14	结束快速启动设置	P3900	1
15	激活专家模式	P0003	3
16	参考频率	P2000	50.0 Hz
17	USS波特率	P2010	6（9600）
18	USS从站地址	P2011	1
19	USS PZD长度	P2012	2
20	USS PKW长度	P2013	4
21	通信监控	P2014	0
22	在E2PROM保存数据	P0971	1
23	激活专家模式	P0003	3
24	激活参数模式	P0010	30
25	从G120中传输参数到BOP	P0802	1

注意　表 10-4 中的序号 17、18、19、20 这 4 项参数值的设置必须与 PLC 的参数值一致，而且 19、20 这两个参数值必须设置成表 10-4 中的值，否则在变频器与 S7-1200 通信时，有可能不能读出从变频器反馈回来的数据。

2 通信说明

S7-1200 PLC 通过 CM1241 RS485 模块与变频器进行 USS 通信时，需要注意以下几点：

（1）当同一个 CM1241 RS485 模块带有多个（最多 16 个）USS 变频器时，这个时候通信的 USS_DB 是同一个，USS_DRV 函数块被调用多次。每个 USS_DRV 函数块被调用时，相对应的 USS 站地址与实际的变频器要一致，而且其他的控制参数也要一致。

（2）当同一个 S7-1200 PLC 带有多个 CM1241 RS485 模块（最多 3 个）时，相对应地，这个时候通信的 USS_DB 是 3 个，每个 CM1241 RS485 模块的 USS 网络使用相同的 USS_DB，不同的 USS 网络使用不同的 USS_DB。

（3）当对变频器的参数进行读写操作时，注意不能同时进行 USS_RPM 和 USS_WPM 的操作，并且同一时间只能进行一个参数的读或者写操作，而不能进行多个参数的读或者写操作。

3 实现功能

单击"启动"按钮后变频器以 30% 的额定转速开始运行，单击"停止"按钮后，变频器停止运行。

4 开始编程

步骤 **01** 创建新项目，项目名称为"G120－S7-1200"，如图 10-7 所示。

图 10-7 创建新项目

步骤 **02** 添加硬件。在窗口中单击"组态设备"→"添加新设备"选项，添加 CPU 1214C DC/DC/DC，如图 10-8 所示。

步骤 **03** 添加通信模块。在"硬件目录"中选择"通信模块"→"点对点"→"CM1241(RS422/485)"→"6ES7 241-1CH32-0XB0"，如图 10-9 所示。

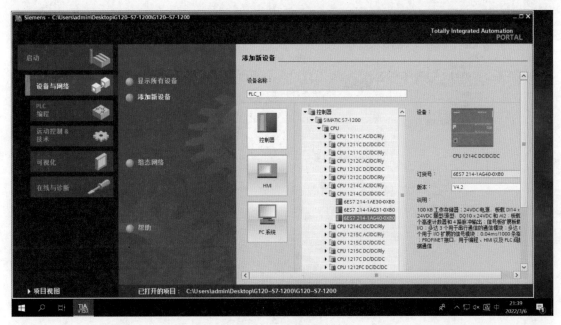

图 10-8　添加硬件

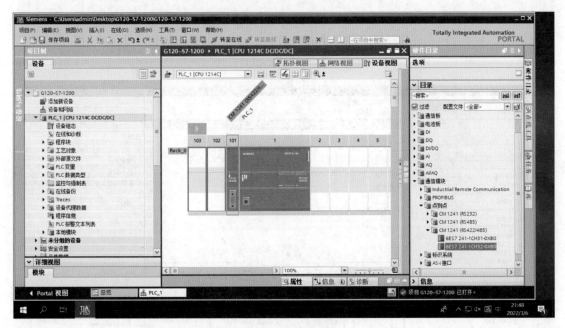

图 10-9　添加通信模块

步骤 04　组态通信。设置波特率为 9.6kbps，奇偶校验为无，数据位为 8，停止位为 1，其他选项保持默认即可，如图 10-10 所示。

步骤 05　添加函数块。打开程序块 OB1，在指令库中依次选择"通信"→"通信处理器"→"USS"→"USS_DRV"，调用 USS 指令如图 10-11 所示。

图 10-10 组态通信

图 10-11 添加指令

程序示例如图 10-12 ～图 10-14 所示。

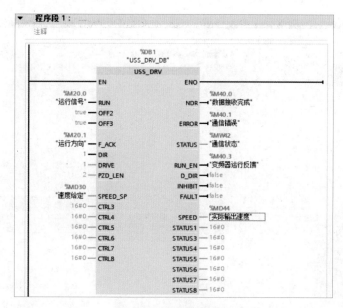

图 10-12　添加程序段 1

图 10-13　添加程序段 2、3

图 10-14　添加程序段 4

步骤 06 编译无错误后，将硬件配置和软件程序下载到 PLC 中，如图 10-15 所示。

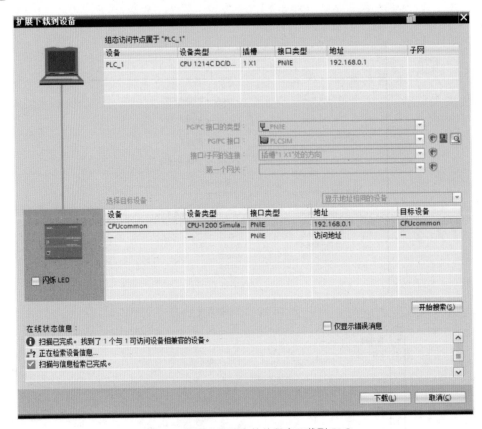

图 10-15 将硬件配置和软件程序下载到 PLC

要建立控制器与传动设备的 USS 连接，对于传动设备必须考虑以下最基本问题：

（1）传动设备是否需要设置成接收 USS 信号的模式？

（2）传递什么内容的信号，都有哪些信号？

（3）主站以多快的速度进行通信？

（4）对于支持一主多从通信方式的 USS 通信，主站如何找到从站？

（5）如果主站由于故障不再发送更新信息，从站应该如何响应？

针对这几个最基本的问题，传动设备都有与之相关的参数设置，只要这些参数设置正确，就可以正常进行 USS 通信。

第 **11** 章

S7–1200 与智能仪表通信

西门子 S7-1200 紧凑型 PLC 在当前的市场中有着广泛的应用，作为经常与 SENTRON PAC3200 系列仪表共同使用的 PLC，其 Modbus 通信协议一直在市场上有着非常广泛的应用。本章将主要介绍如何使用 Modbus 通信协议来实现 S7-1200 与 SENTRON PAC3200 仪表的通信。

11.1 SENTRON PAC3200 仪表介绍

SENTRON PAC3200 多功能电力仪表是一种用于面板安装的仪表，可用来计量、显示配电系统多达 50 个的测量变量，例如电压、电流、功率、有功功率、频率、最大值、最小值和平均值等。PAC3200 仪表如图 11-1 所示。

1 SENTRON PAC3200 通信

SENTRON PAC3200 多功能仪表的本体没有 Modbus RTU 通信的功能，如果希望将 PAC3200 作为从站连接到 Modbus RTU 网络与主站进行数据交换，那么必须选用外部扩展通信模块——SENTRON PAC RS485 模块。

图 11-1 电力仪表 PAC3200

> 💠注意 当 PAC RS485 扩展模块使用错误的固件版本时将不能正常工作。SENTRON PAC3200 电力监测设备的固件版本最低应为 FWV2.0X，较早的版本不支持 PAC RS485 扩展模块。

该扩展模块性能具有下列特点：

● 可通过设备正面设置参数。

● 即插即用。

● 支持 4.8/9.6/19.2 以及 38.4 KBd 通信传输速率。

● 通过 6 针螺钉端子接线。

● 不需要外接辅助电源。

● 通过模块上的 LED 显示状态。

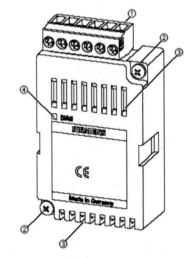

2 PAC3200 的 Modbus RTU 通信扩展模块

PAC3200 的 Modbus RTU 通信扩展模块如图 11-2
所示，模块结构介绍如下：

① 通信接线端子。

② 安装螺钉。

③ 通风口。

④ LED。

图 11-2 PAC3200 Modbus RTU 通信扩展模块

3 接线方式

PAC3200 Modbus RTU 通信扩展模块的接线方式有以下 3 种：

（1）将电缆屏蔽层的一端连接到保护性接地端 PE。

（2）将信号公共端连接到保护性接地。

（3）在第一个和最后一个通信节点上，在信号正和信号负间接一个 120Ω 的电阻。

4 PAC3200 Modbus RTU 通信支持的功能码

PAC3200 Modbus RTU 通信支持的功能码如表 11-1 所示。

表11-1 PAC3200 Modbus RTU通信支持的功能码

FC	功 能 码	数据类型	访问权限	
02	输入的状态	位	输入	R（读取）
03	输出寄存器	寄存器	输出	R
04	输入寄存器	寄存器	输入	R
06	单一输出寄存器	寄存器	输出	RW（读写）
10	多个输出寄存器	寄存器	—	RW
2B	设备识别	—	—	R

S7-1200 PLC 可以通过功能代码 0x03 和 0x04 访问仪表 PAC3200 的被测量数据。表 11-2 中的是 PAC3200 的部分被测量数据。

表11-2 SENTRON PAC3200设备的部分被测量数据

偏 移 量	寄存器数	名　称	格　式	单　位	数值范围访问权限
1	2	A相电压	Float	V	R
3	2	B相电压	Float	V	R
5	2	C相电压	Float	V	R
7	2	AB间线电压	Float	V	R
9	2	BC间线电压	Float	V	R
11	2	CA间线电压	Float	V	R
13	2	A相电流	Float	A	R
15	2	B相电流	Float	A	R
17	2	C相电流	Float	A	R
19	2	A相视在功率	Float	VA	R
21	2	B相视在功率	Float	VA	R
23	2	C相视在功率	Float	VA	R

11.2　SENTRON PAC3200 与 S7-1200 进行通信

下面以 SENTRON PAC3200 与 S7-1200 通信为例，进一步讲解 Modbus 通信。

1 硬件需求

S7-1200 PLC 目前有 3 种类型的 CPU：

- S7-1211C CPU。
- S7-1212C CPU。
- S7-1214C CPU。

这 3 种类型的 CPU 都可以使用 Modbus RTU 通信协议通过通信模块 CM1241 RS485 来实现 S7-1200 与 PAC3200 仪表的通信。

（1）本例中使用的 PLC 硬件：

- PM1207 电源（6EP1 332-1SH71）。
- S7-1214C（6ES7 214 -1BE30 -0XB0）。
- CM1241 RS485（6ES7 241 -1CH30 -0XB0）。
- 模拟器（6ES7 274 -1XH30 -0XA0）。

（2）本例中使用的 PAC3200 仪表硬件：

- PAC3200（7KM2112-0BA00-3AA0）。
- Modbus RTU 模块（7KM9300-0AB00-0AA0）。
- Modbus 通信电缆（6XV1830-0EH10）。

（3）S7-1200 Modbus RTU 的通信方式：S7-1200 作为 Modbus RTU 主站的通信方式是通过 DATA_ADDR 和 MODE 参数来选择 Modbus 功能类型来实现的。DATA_ADDR（从站中的起始 Modbus 地址）指定要在 Modbus 从站中访问的数据的起始地址。MB_MASTER 使用 MODE 输入而非功能代码输入。MODE 和 Modbus 地址范围一起确定实际 Modbus 消息中使用的功能代码。

表 11-3 列出了 MB_MASTER 参数 MODE、Modbus 功能代码和 Modbus 地址范围之间的对应关系。

表11-3 MB_MASTER的Modbus功能码

功 能 码	Modbus地址参数Data_addr	地址类型	Modbus数据长度参数Data_len	Modbus
模式0				
读取	00001~09999	输出位	1~2000	01H
	10001~19999	输入位	1~2000	02H
	30001~39999	输入寄存器	1~125	04H
	40001~49999			
	400001~465536	保持寄存器	1~125	03H
模式1				
写入	00001~09999	输出位	1（位）	05H
	40001~49999			
	400001~465536	保持寄存器	1（字）	06H
模式2				
	00001~09999	输出位	1（位）	15H
	40001~49999			
	400001~465536	保持寄存器	1（字）	16H

2 S7-1200 与 PAC3200 进行 Modbus RTU 的通信组态

我们通过一个实例来介绍如何在博途中组态 S7-1214C 和 PAC3200 的 Modbus RTU 通信。

步骤 **01** PLC 硬件组态。

在博途 V15.1 中建立一个项目，在硬件配置中，添加 CPUA1214 和通信模块 CM1241 RS485，如图 11-3 所示。

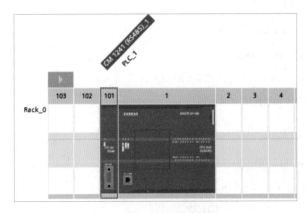

图 11-3 S7 1200 硬件配置

步骤 02　在 CPU 的属性中，设置以太网的 IP 地址，建立 PG 与 PLC 的连接，如图 11-4 所示。

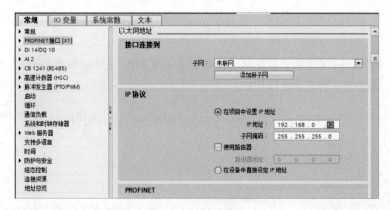

图 11-4　IP 地址设置

步骤 03　PAC3200 参数设置。

在 SENTRON PAC 电力监测设备的主菜单中，调用"设置"→"RS485 模块"，出现的设置画面如图 11-5 所示。

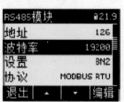

图 11-5　通信参数设置

参数设置如下：

（1）地址的设置范围为 1 ～ 247，本例中设置为 8。

（2）波特率的设置范围为 4800、9600、19200、38400。本例中设置为 38400。

（3）设置外部通信的数据位、奇偶校验位及停止位：

- 8E1=8 个数据位，奇偶校验位为 even，1 个停止位。
- 8O1=8 个数据位，奇偶校验位为 odd，1 个停止位。
- 8N2=8 个数据位，无奇偶校验位，2 个停止位。
- 8N1=8 个数据位，无奇偶校验位，1 个停止位。

本例中根据 S7-1200 Modbus_MASTER 的参数设置为 8N1。

（4）协议的设置：可选项为 SEABUS、Modbus RTU。本例中设为 Modbus RTU。

（5）响应时间的设置：注意与波特率的设置相匹配，本例中设为 10ms。

步骤 04　S7-1200 与 PAC3200 的 Modbus RTU 通信原理与编程的实现。

S7-1200 提供了专用的 Modbus 库进行 Modbus RTU 通信，如图 11-6 所示。

西门子 S7-1200 PLC 的 CM1241 RS232 和 CM1241 RS485 模块都可以实现 Modbus RTU 的通信，本例中采用 CM1241 RS485 模块来实现与仪表 PAC3200 的 Modbus RTU 通信。

图 11-6　S7-1200 提供的专用 MODBUS 库

（1）S7-1200 的 Modbus RTU 通信的基本原理如下：

- 首先 S7-1200 PLC 的程序调用一次 Modbus 库中的函数块 MB_COMM_LOAD 来组态 CM1241 RS232 和 CM1241 RS485 模块上的端口，对端口的参数进行配置。
- 其次调用 Modbus 库中的函数块 MB_MASTER 或者 MB_SLAVE 作为 Modbus 主站或者从站与支持 Modbus 协议的设备进行通信。

S7-1200 PLC 作为 Modbus 主站与 PAC3200 进行 Modbus RTU 通信的控制原理如图 11-7 所示。

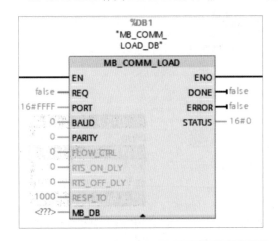

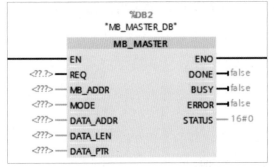

图 11-7 S7-1200 PLC 作为 MODUBUS 主站与 PAC3200 进行 Modbus RTU 通信的原理图

（2）S7-1200 PLC 与 PAC3200 通过 Modbus RTU 进行通信的编程实现。

① MB_COMM_LOAD 函数块的编辑。

MB_COMM_LOAD 函数块用于组态点对点 CM 1241RS485 或 CM 1241 RS232 模块上的端口，以进行 Modbus RTU 协议通信。

程序开始运行时，调用一次 MB_COMM_LOAD 函数块来实现对 Modbus RTU 模块的初始化组态。MB_COMM_LOAD 执行一次编程如图 11-8 所示，由时钟位 M1.0 来完成。

图 11-8 设置系统时钟

函数块的调用如图 11-9 所示。

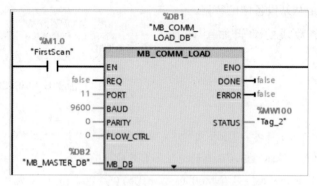

图 11-9 MB_COMM_LOAD 函数块的编辑

说明:

- PORT:指的是通过哪个通信模块进行 Modbus RTU 通信。
- BAUD:指的是和 Modbus 子站进行通信的速率。通信端口的波特率取值为 300、600、1200、2400、4800、9600、19200、38400、57600、76800、115200。

> 注意 仪表 PAC3200 的波特率的设置为 4800、9600、19200、38400,S7-1200 的波特率的设置一定要和仪表 PAC3200 的波特率的设置一致。

- MB_DB:对 MB_MASTER 或 MB_SLAVE 指令所使用的背景数据块的引用。在用户程序中放置 MB_SLAVE 或 MB_MASTER 后,DB 标识符会出现在与 MB_DB 功能框连接的助手下拉列表中,如 MB_MASTER_DB 或 MB_SLAVE_DB。
- STATUS:端口状态代码,具体含义如表 11-4 所示。

表11-4 MB_COMM_LOAD组态端口的状态代码

STATUS值(W#16#...)	说　明
0000	无错误
8180	端口ID值无效
8181	波特率值无效
8182	奇偶校验值无效

（续表）

STATUS值（W#16#...）	说　明
8183	流控制值无效
8184	响应超时值无效
8185	指向MB_MASTER或MB__SLAVE的背景数据块的MB_DB指针错误

② MB_MASTER 函数块的编辑。

MB_MASTER 函数块允许程序作为 Modbus 主站使用点对点 CM 1241 RS485 或 CM 1241RS232 模块上的端口进行通信。可访问一个或多个 Modbus 从站设备中的数据。

MB_MASTER 函数块的编辑如图 11-10 所示。

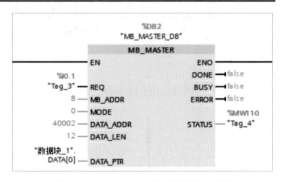

图 11-10　MB_MASTER 函数块的编辑

说明：

- REQ：数据发送请求信号。0 表示无请求，1 表示请求将数据传送到 Modbus 从站。
- MB_ADR：通信对象 Modbus 从站的地址。有效地址范围为 0 ～ 247。0 值被保留用于将消息广播到所有 Modbus 从站。只有 Modbus 功能代码05、06、15 和 16 是可用于广播的功能代码。

注意：此处 Modbus 从站的地址一定要与仪表 PAC3200 的 Modbus 地址一致。

- MODE：模式选择。选择范围为读、写、诊断。
- DATA_ADDR：指定要在 Modbus 从站中访问的数据的起始地址。

注意：由于仪表 PAC3200 的寄存器与 S7-1200 Modbus RTU 寄存器不一致性，因此读取仪表 PAC3200 的 DATA_ADDR 的地址必须从 40002 开始。

S7-1200 的 Modbus RTU 通信是通过使用 DATA_ADDR 和 MODE 的组合选择 Modbus 功能码来实现的。

仪表的通信功能也是由功能码来实现的，如表 11-5 所示。

表11-5　仪表的Modbus RTU通信功能码

FC	功 能 码	数据类型	访问权限	
02	输入的状态	位	输入	R（读取）
03	输出寄存器	寄存器	输出	R
04	输入寄存器	寄存器	输入	R
06	单一输出寄存器	寄存器	输出	RW（读写）
10	多个输出寄存器	寄存器	—	RW
2B	设备识别	—	—	R

由此可以得出如果需要读取输出寄存器的值，则需要使用模式 0 的 03H 功能，即从寄存器 40001 ～ 49999 来读取仪表的数据，但是由于仪表 PAC3200 的寄存器与 S7-1200 Modbus RTU 寄存器不一致，因此读取仪表 PAC3200 的 DATA_ADDR 的地址必须从 40002 开始。

- DATA_LEN：请求访问数据的长度，位数或字节数。
- DATA_PTR：数据指针，指向要写入或读取的数据的 CPU DB 地址。该 DB 必须为"非仅符号访问" DB 类型。
- NDR：新数据就绪。
  - 0：事务未完成。
  - 1：表示 MB_MASTER 指令已完成所请求的有关 Modbus 从站的事务。
- BUSY：忙。
  - 0：无正在进行的 MB_MASTER 事务。
  - 1：MB_MASTER 事务正在进行。
- ERROR：错误。
  - 0：未检测到错误。
  - 1：表示检测到错误并且参数 STATUS 提供的错误代码有效。
- STATUS：状态代码，如表 11-6 所示。

表11-6　MB_MASTER进行Modbus RTU通信的状态代码

STATUS值（W#16#…）	说　明
0000	无错误
808C	指定响应超时时间（指RCVTIME或MSGTIME）为0
80D1	接收方发出了暂停主动传输的流控制请求，并且在指定的等候时间内未重新激活该传输。 在硬件流控制期间，如果接收方在指定的等候时间内没有申明CTS，也会产生该错误
80D2	传送请求中止，因为没有从DCE收到任何DSR信号
80E0	因接收缓冲区已满，消息被终止
80E1	因出现奇偶校验错误，消息被终止
80E2	因组帧错误，消息被终止
80E3	因出现超限错误，消息被终止
80E4	因指定长度超出总缓冲区大小，消息被终止
8180	端口ID值无效
8186	Modbus站地址无效
8188	模式值无效或只读从站地址区的写模式无效
8189	数据地址值无效
818A	数据长度值无效
818B	指向本地数据源/目标的指针无效；大小不正确

（续表）

STATUS值（W#16#...）	说　明
818C	指向安全DB类型的DATA_PTR（必须为典型DB类型）的指针
8200	端口正忙于处理传送请求

步骤 05 在成功地将编译程序下载到 S7-1200 PLC 中后，就可以从变量表中看到仪表 PAC3200 的三相电压数据，如图 11-11 所示。

图 11-11 在 S7-1200 中通过 Modbus RTU 通信得到的仪表 PAC3200 的三相电压数据

第 **12** 章

创建数据日志

数据日志功能对 CPU 的硬件版本和编程软件的版本有要求，S7-1200 CPU 的固件版本是 V2.0 以上以及编程软件版本在 STEP7 V11 以上才具备数据日志功能。可以用"Data Logging"指令将运行数据值存储在永久性日志文件中，数据日志文件按照标准 CSV 格式存储在 S7-1200 CPU 装载存储器或 S7-1200 SIMATIC 存储卡中。使用 S7-1200 CPU 内置的 Web 服务器，可管理数据日志文件，实现数据日志文件的下载、删除和重命名；或将数据日志文件传送到 PC，使用标准电子表格工具（如 Excel）分析数据。

12.1 数据日志的指令概述

数据日志的程序指令 Data Logging 用于在程序中创建、打开、写入、清空、关闭、删除以及新建数据日志。在"指令"→"扩展指令"→"配方和数据记录"下可调用相关功能指令，如图 12-1 所示。

> **注意** CPU 固件版本为 V2.0 以上及使用的编程软件版本为 STEP 7 V11 以上，才可以按照图 12-1 所示的方式调用数据日志指令。

其中，DataLogClose 与 DataLogDelete 两条指令需要 S7-1200 CPU 固件版本为 V4.2 及以上才可以使用。

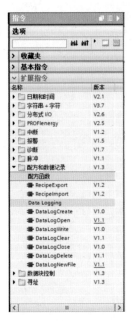

图 12-1 数据日志指令

12.2 创建数据日志

本节我们介绍数据日志的创建方式，其中的软硬件要求如下：

- 软件：TIA V15.1。
- 硬件：CPU1211C。

下面我们介绍具体的创建步骤。

12.2.1 操作步骤

1 启动 Web 服务器

按照以下路径和方法为要连接的 CPU 启用 Web 服务器：在设备视图中选中 CPU，在"属性"界面选中"Web 服务器"，勾选"在此设备的所有模块上激活 Web 服务器"复选框，如图 12-2 所示。

2 创建数据日志参数 DB 块

数据日志名称和日志内所有数据元素的数据类型、列标题参数分别由 Name、Data 和 Header 分配，因此需先创建数据日志参数 DB 块，支持优化或非优化 DB 块，此处使用的为优化 DB 块。

在该 DB 块中，创建数据日志名称（如 DataLog0）、标题（如 value1、liuliang、wendu）、Data 结构和 LogId 数组（用于存放数据日志的 ID，以便管理多个日志文件）如图 12-3 所示。

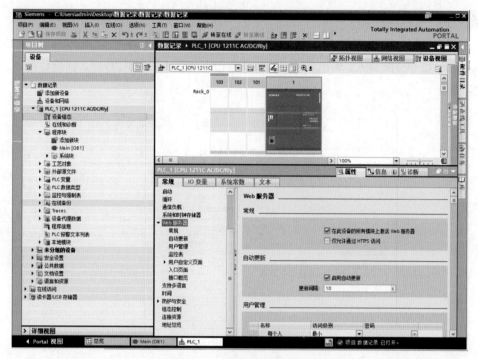

图 12-2 启动 Web 服务器

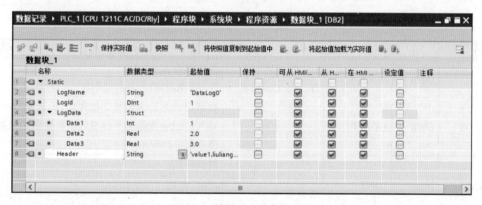

图 12-3 数据日志的参数分配

数据块中变量的类型说明如下：

- LogName（日志名称）：此变量仅支持 String 数据类型。（该名称应符合 Windows 文件名称的限制，不允许使用 "\" "/" ":" "*" "?" "<" ">" "|" 和空格字符）。

- Header（数据日志标题）：数据类型为 String，表示数据日志文件中每一列的标题名称，各列名称需要用逗号分隔；如果未设置该值，则在数据日志文件中看不到列标题。

- LogData（数据结构）：指定数据日志的各个数据元素（列）及其数据类型——用户自定义类型（UDT）或数组。可以分配的最大数据元素个数为 253（带时间戳）或 255（不带时间戳）。

- LogId：数据日志数字标识符，保存每个生成数据日志的 ID 值以便与其他数据日志指令配合使用，方便数据日志的管理，比如清空或删除数据日志等。

3 创建和初始化数据日志文件

创建数据日志需调用 DataLogCreate 指令。按照图 12-3 创建数据日志参数 DB，为 DataLogCreate 指令分配输入、输出参数。当触发该指令的输入参数 REQ 时，创建数据日志文件，如图 12-4 所示。

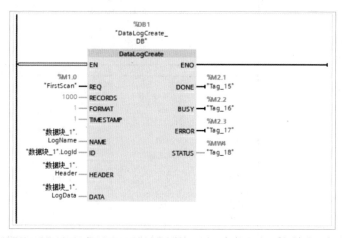

图 12-4 调用 DataLogCreate 指令

DataLogCreate 指令的参数定义如表 12-1 所示。

表12-1 DataLogCreate指令的参数

参 数	声 明	数据类型	存 储 区	说 明
REQ	Input	BOOL	I、Q、M、L、D、T、C或常量	执行指令。 在参数REQ的上升沿处创建一个数据记录
RECORDS	Input	UDINT	I、Q、M、L、D或常量	数据记录的最大数量。如果由DataLogWrite指令写入的记录数量大于该参数中指定的记录数，则覆盖最早的记录
FORMAT	Input	UINT	I、Q、M、L、D或常量	数据格式： • 0：内部（不支持）。 • 1：CSV（Comma separated values）
TIMESTAMP	Input	UINT	I、Q、M、L、D或常量	如果激活时间戳，则系统将自动添加标题中的其他列
NAME	Input	VARIANT	L、D	数据记录的名称。 指定的名称也将作为CSV文件的文件名。 在S7-1200 CPU中，数据日志名称具有以下限制： • 名字长度不得超过35个字符。支持0x20和0x7E范围内的所有ASCII字符，但\ / " : ; [ ]	= . * ? < >除外。 在S7-1500 CPU中，数据日志名称具有以下限制： • 名字长度不得超过 55 个字符。 • 支持以下字符：0 ... 9, a ... z, A ... Z以及-和_

（续表）

参　　数	声　　明	数据类型	存　储　区	说　　明
ID	InOut	DWORD	I、Q、M、L、D	数据记录的对象ID（仅用于输出） 在后续数据记录指令寻址所创建的数据记录时，需要使用该数据记录ID
HEADER	InOut	VARIANT	D	数据记录的标题（可选）。 在添加指令后，将隐藏该参数。 该标题将写在CSV文件的第一行
DATA	InOut	VARIANT	D	执行指令DataLogWrite时，指向作为数据记录写入数据结构的指针
DONE	Output	BOOL	I、Q、M、L、D	状态参数： • 0：处理操作尚未完成。 • 1：指令的处理操作成功完成
BUSY	Output	BOOL	I、Q、M、L、D	状态参数： • 0：对指令的处理尚未启动、已完成或已取消。 • 1：该指令正在处理过程中
ERROR	Output	BOOL	I、Q、M、L、D	状态参数： • 0：无错误。 • 1：指令执行过程中发生错误。详细信息将在STATUS 参数中输出
STATUS	Output	WORD	I、Q、M、L、D	在参数STATUS处输出详细的错误和状态信息。该参数设置仅维持一次调用所持续的时间。因此，要显示其状态，应将STATUS 参数复制到可用数据区域

4 DataLogOpen 指令

创建数据日志后，需要打开数据日志，将新生成的数据写到数据日志里去，这就用到了 DataLogOpen 指令，如图 12-5 所示。

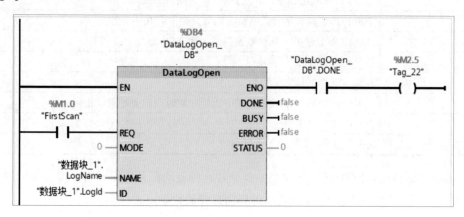

图 12-5 DataLogOpen 指令

表 12-2 列出了 DataLogOpen 指令的参数。

表12-2 DataLogOpen指令的参数

参 数	声 明	数据类型	存 储 区	说 明
REQ	Input	BOOL	I、Q、M、L、D或常量	在上升沿执行指令
MODE	Input	UINT	I、Q、M、L、D或常量	打开数据日志的方式： • MODE="0"：保留数据日志中的数据记录。 • MODE="1"：删除数据日志的数据记录，但保留标题
NAME	Input	VARIANT	L、D	数据日志的（文件）名称
ID	InOut	DWORD	I、Q、M、L、D	数据日志的对象ID
DONE	Output	BOOL	I、Q、M、L、D	指令已成功执行
BUSY	Output	BOOL	I、Q、M、L、D	指令的执行尚未完成
ERROR	Output	BOOL	I、Q、M、L、D	• 0：无错误。 • 1：指令执行过程中发生错误。 详细信息将在STATUS 参数中输出
STATUS	Output	WORD	I、Q、M、L、D	状态参数。该参数设置仅维持一次调用所持续的时间，因此，要显示其状态，应将STATUS 参数复制到可用数据区域

STATUS 参数错误代码如表 12-3 所示。

表12-3 STATUS 参数错误代码

错误代码* (W#16#...)	说 明
0	无错误
2	警告：已通过该应用程序打开数据日志文件
7000	未激活任何作业处理
7001	启动作业处理。参数BUSY = 1，DONE = 0
7002	中间调用（与REQ无关）：已激活指令；BUSY的值为"1"
8070	已达到 DataLogOpen 指令可同时激活的最大数目
8090	数据日志定义和现有数据日志的数据之间存在不一致
8091	NAME 参数使用了其他数据类型，而非String
8092	数据日志不存在
80B4	存储卡或数据日志文件为写保护
80C0	当前无法访问。在RUN模式下进行加载时可能会导致该错误
80C1	打开的文件过多
*在程序编辑器中，错误代码将显示为整数或十六进制值	

执行 DataLogCreate 和 DataLogNewFile 指令时，将自动打开数据日志。最多可同时打开 10 个数据日志。可通过数据日志的 ID 或名称选择需打开的数据日志。

● 如果在 ID 和 NAME 参数中分别指定了数据记录的 ID 和名称，则该数据日志将通过 ID 进行标识，而不再比较数据记录的名称。

- 如果使用参数 NAME 选择数据日志并将 0 指定为 ID，则在打开数据日志时，将在 ID 参数中显示该数据日志的 ID。
- 如果使用 ID 参数选择了数据日志而未指定名称，则在打开数据日志时名称将显示在 NAME 参数中。

可以使用 MODE 参数指定在打开时是否删除数据日志中的数据记录。

5 DataLogWrite 指令

打开数据日志后，接下来就可以将数据写入数据日志了，这就用到了 DataLogWrite 指令，如图 12-6 所示。

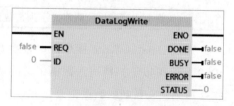

图 12-6　写入数据指令

DataLogWrite 指令的参数如表 12-4 所示。

表12-4　DataLogWrite指令参数

参　数	声　明	数据类型	存　储　区	说　明
REQ	Input	BOOL	I、Q、M、L、D、T、C或常量	在上升沿执行指令
ID	InOut	DWORD	I、Q、M、L、D	数据日志的对象ID
DONE	Output	BOOL	I、Q、M、L、D	指令已成功执行
BUSY	Output	BOOL	I、Q、M、L、D	指令的执行尚未完成
ERROR	Output	BOOL	I、Q、M、L、D	• 0：无错误。 • 1：指令执行过程中发生错误。 详细信息将在STATUS参数中输出
STATUS	Output	WORD	I、Q、M、L、D	状态参数。该参数设置仅维持一次调用所持续的时间，因此，要显示其状态，应将STATUS参数复制到可用数据区域

STATUS 参数错误代码如表 12-5 所示。

表12-5　DataLogWrite STATUS 参数错误代码

错误代码(W#16#...)	说　明
0	无错误
0001	在文件末尾，创建最后一个可能的数据记录。创建将覆盖较老数据记录的其他数据记录
7000	未激活任何作业处理
7001	启动作业处理。参数BUSY = 1，DONE = 0
7002	中间调用（与REQ无关）：已激活指令；BUSY的值为"1"
8070	已达到 DataLogWrite 指令可同时激活的最大数目
8090	数据日志定义与现有的数据日志不匹配
8092	数据日志不存在
8093	数据日志的源地址已更改（如，由于下载）
80A2	文件系统返回写入错误

（续表）

错误代码(W#16#...)	说　明
80B0	数据记录未打开
80B3	存储卡上的存储空间不足
80B4	存储卡受到写保护

* 在程序编辑器中，错误代码将显示为整数或十六进制值

通过 DataLogWrite 指令，可以将数据记录写入当前的数据日志中，如图 12-6 所示。通过 ID 参数，可以选择待写入数据记录的数据日志。要创建新数据记录，则必须打开数据记录。该指令将创建一条新的数据记录，在创建数据记录时可以通过 DATA 参数指定其格式。

在调用 DataLogWrite 指令之前，将数据传送到与 DataLogCreate 指令的 DATA 参数处互连的变量中。执行 DataLogWrite 指令时，传送的数据将复制到数据记录中。

数据日志不能保存，CPU 断电后，记录的数据会丢失。

12.2.2　完整程序

完整程序如图 12-7 ～图 12-10 所示。

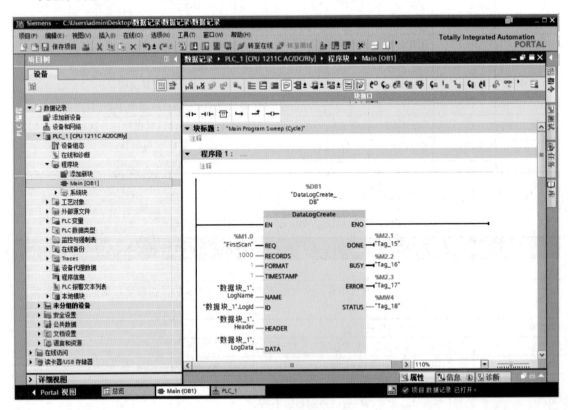

图 12-7　程序段 1

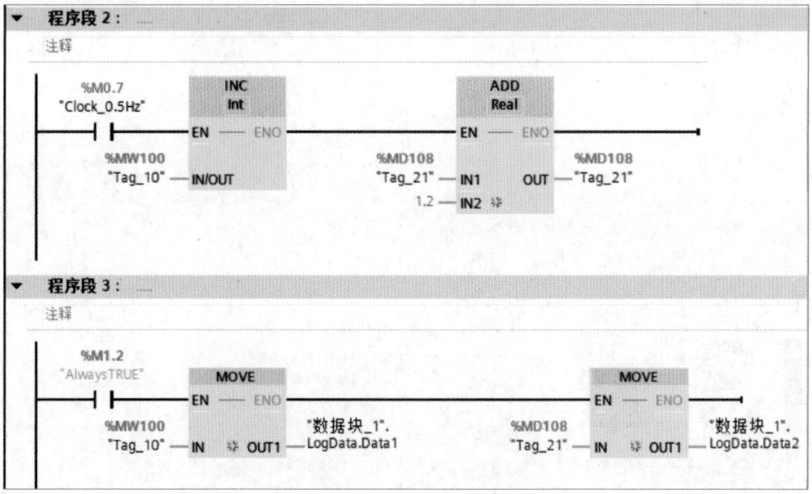

图 12-8 程序段 2、3

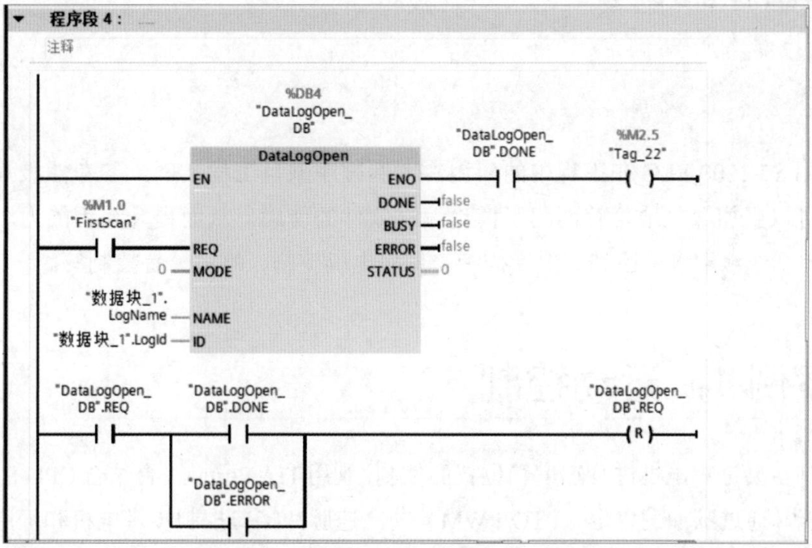

图 12-9 程序段 4

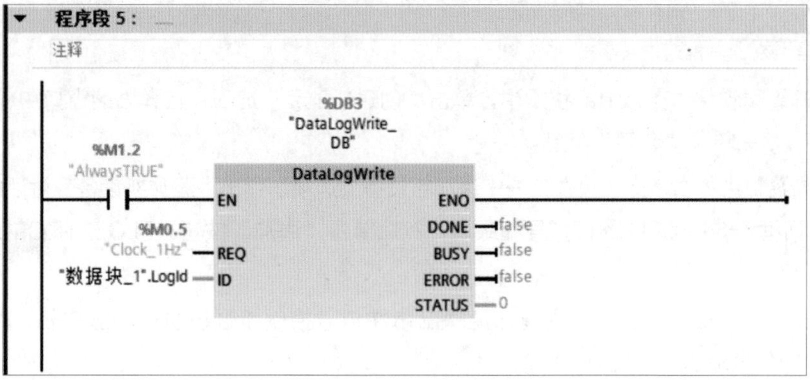

图 12-10 程序段 5

第 **13** 章

工程案例分析

本章介绍 S7-1200 PLC 在工程中的应用，案例程序来自工程实例，参考性极强，通过本章的学习读者可以更加深刻地理解西门子博途编程软件的使用，从而提升编程能力。本章涉及的案例有运动控制、水箱水位控制、电梯控制、伺服电机控制、物料分拣控制等。

13.1 案例 1：运动控制

运动控制主要是对电机进行速度和位置的控制。利用 TIA Portal 平台结合 CPU S7-1200 的"运动控制"功能，通过脉冲发生器（PTO/PWM）的高速脉冲接口控制步进电机和伺服电机，可用于 4 轴以上高速脉冲输出，实现多轴伺服电机及步进电机的精确控制。

下面是一个 S7-1200 对步进电机进行脉冲控制的实例，具体实现步骤如下：

步骤 01 新建工程。

（1）打开编程软件，在 Portal 视图中，单击"创建新项目"选项，在弹出的窗口中输入项目名称、路径和作者等，然后单击"创建"按钮。

（2）在新窗口中单击"组态设备"→"添加新设备"选项，弹出"添加新设备"对话框，如图 13-1 所示，在该对话框中选择 CPU 的订货号和版本，然后单击"添加"按钮。PLC 选择 CPU 1214C DC/DC/DC。

PLC 输出必选为晶体管输出，这样才能输出脉冲信号控制步进电机或伺服电机，继电器输出型 PLC 不具备脉冲信号输出的功能。

（3）添加完成后，开启高速脉冲输出。

图 13-1　添加新设备

步骤 02　设置 CPU 属性。

（1）在"设备视图"界面，右击设备，在弹出的快捷菜单中选择"属性"，调出 CPU 属性对话框，如图 13-2 所示。

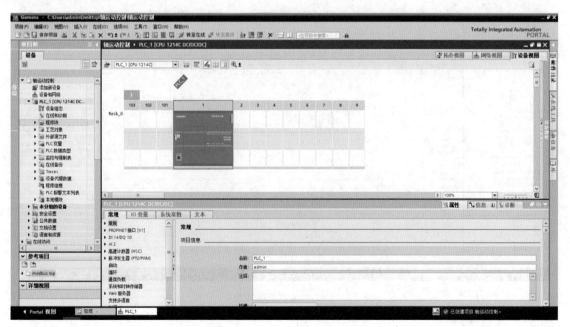

图 13-2　CPU 属性对话框

（2）在"常规"选项卡中找到"脉冲发生器"，勾选"启用该脉冲发生器"复选框，如图 13-3 所示。

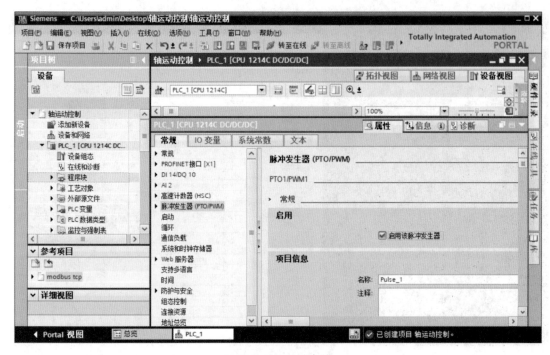

图 13-3 配置脉冲参数

（3）在"脉冲选项"的"信号类型"中选择"PTO（脉冲 A 和方向 B）"，脉冲输出选择"Q0.0"，方向输出选择"Q0.1"，启用方向输出，如图 13-4 所示。

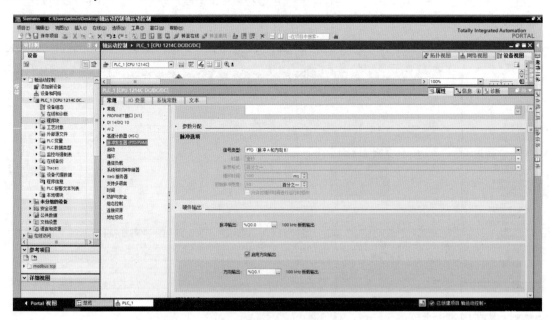

图 13-4 脉冲选项设置

步骤 04 添加工艺对象。

在项目树中依次选择"工艺对象"→"新增对象"→"运动控制"→"轴"，如图 13-5 所示。

图 13-5　添加轴

13.1.1　对轴进行组态

1　基本参数

在工艺对象中添加"轴 1"，驱动器选择"PTO（Pulse Train Output）"，位置单位选择"脉冲"，如图 13-6 所示。

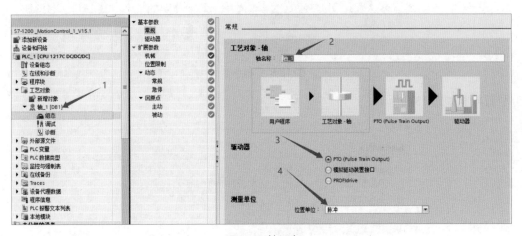

图 13-6　轴组态

驱动器配置如图 13-7 所示，在"硬件接口"选项组中，设置脉冲发生器为"Pulse_1"，信号类型为"PTO（脉冲 A 和方向 B）"，脉冲输出地址为"Q0.0"，激活方向输出地址为"Q0.1"。

在"驱动装置的使能与反馈"选项组中，设置使能输出地址为"Q0.2"。

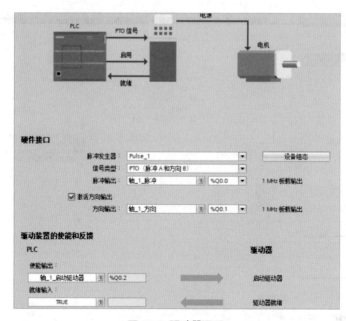

图 13-7 驱动器配置

2 扩展参数

机械参数如图 13-8 所示。

图 13-8 机械参数

位置限制如图 13-9 所示。

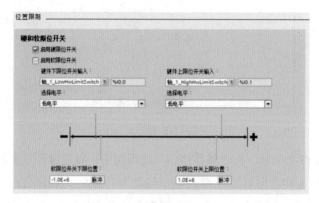

图 13-9 位置限制

3 动态参数

常规参数配置如图 13-10 所示。

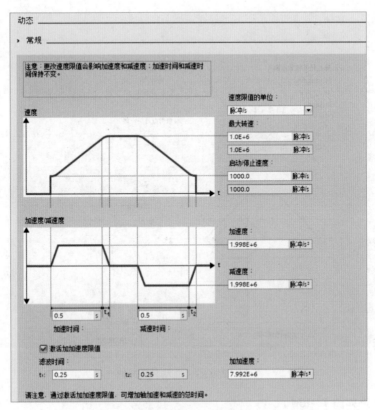

图 13-10　常规参数配置

急停参数配置如图 13-11 所示。

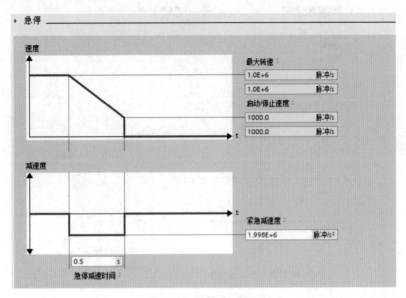

图 13-11　急停参数配置

4 回原点参数

回原点主动参数配置如图 13-12 所示。

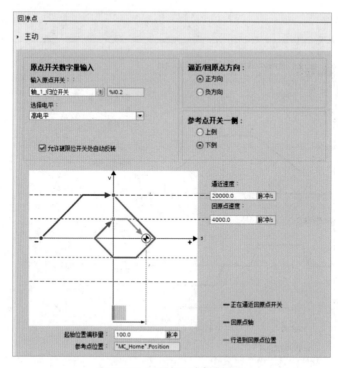

图 13-12 回原点主动参数配置

被动参数配置如图 13-13 所示。

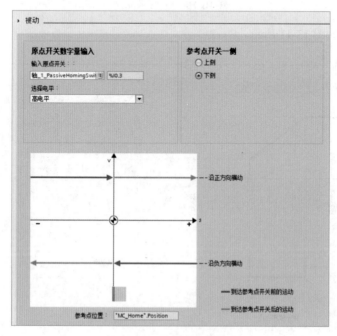

图 13-13 被动参数配置

13.1.2　控制程序

（1）通过 MC Power 指令实现轴启动和禁用，如图 13-14 所示。

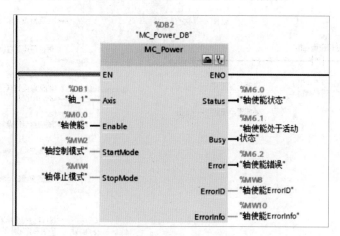

图 13-14　MC_Power 指令

说明：

- StartMode：使用带 PTO（Pulse Train Output）驱动器的定位轴时忽略该参数。
- StopMode= 0：紧急停止，按照轴工艺对象参数中的急停速度或时间来停止轴。
- StopMode=1：立即停止，PLC 立即停止发送脉冲。
- StopMode=2：带有加速度变化率控制的紧急停止。如果用户组态了加速度变化率，则轴在减速时会把加速度变化率考虑在内，减速曲线变得平滑。

MC_Power 指令必须在程序里一直调用，并保证 MC_Power 指令在其他 Motion Control 指令的前面调用。

（2）使用运动控制指令 MC_Home 使轴回原点，如图 13-15 所示。

使用 MC_Home 运动控制指令可将轴坐标与实际物理驱动器位置匹配。轴的绝对定位需要回原点。可执行以下类型的回原点：

- 主动回原点（Mode = 3）：自动执行回原点步骤，轴的位置值为参数 Position 的值。
- 被动回原点（Mode = 2）：被动回原点期间，运动控制指令 MC_Home 不会执行任何回原点运动。用户需通过其他运动控制指令执行这一步骤中所需的行进移动。检测到回原点开关时，轴即回原点。
- 直接绝对回原点（Mode = 0）：将当前的轴位置设置为参数 Position 的值。
- 直接相对回原点（Mode = 1）：当前轴位置值等于当前轴位置＋参数 Position 的值。
- 绝对编码器相对调节（Mode = 6）：将当前轴位置的偏移值设置为参数 Position 的值。
- 绝对编码器绝对调节（Mode = 7）：将当前的轴位置设置为参数 Position 的值。

Mode 6 和 7 仅用于带模拟驱动接口的驱动器和 PROFIdrive 驱动器。

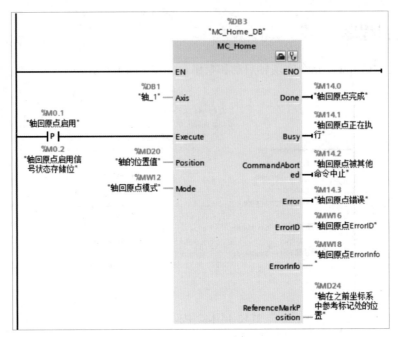

图 13-15　MC_Home 指令

（3）通过运动控制指令 MC_Halt 可以停止所有运动并以组态的减速度停止轴，如图 13-16 所示。

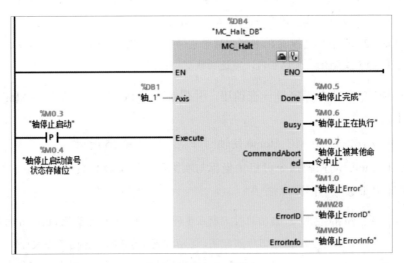

图 13-16　MC_Halt 指令

（4）通过运动控制指令 MC_MoveAbsolute 启动轴定位运动，以将轴移动到某个绝对位置，如图 13-17 所示。

说明：

● 启动 / 停止速度≤"Velocity"（速度）≤最大速度。

● 运动方向 Direction 仅在"模数"已启用的情况下生效。

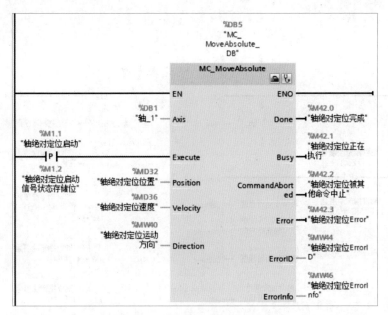

图 13-17　MC_MoveAbsolute 指令

在使能绝对位置指令之前，轴必须回原点，因此 MC_MoveAbsolute 指令之前必须有 MC_Home 指令。

（5）通过运动控制指令 MC_MoveRelative 启动相对于起始位置的定位运动。指令如图 13-18 所示。不需要轴执行回原点命令。

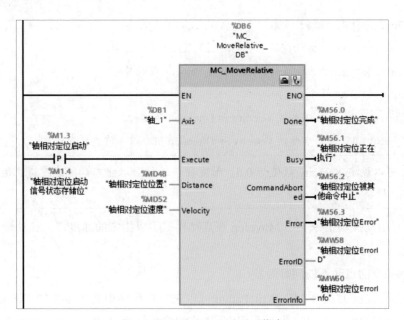

图 13-18　MC_MoveRelative 指令

启动 / 停止速度≤"Velocity"（速度）≤最大速度。

（6）通过运动控制指令 MC_MoveVelocity 根据指定的速度连续移动轴，如图 13-19 所示。

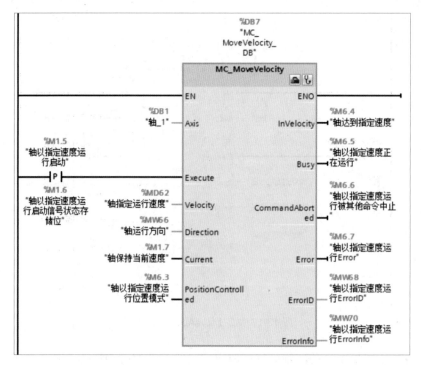

图 13-19 MC_MoveVelocity 指令

说明：

- Direction
  - Direction = 0：旋转方向取决于参数 Velocity 值的符号。
  - Direction = 1：正方向旋转，忽略参数 Velocity 值的符号。
  - Direction = 2：负方向旋转，忽略参数 Velocity 值的符号。
- Current
  - Current = 0：轴按照参数 Velocity 和 Direction 值运行。
  - Current = 1：轴忽略参数 Velocity 和 Direction 值，以当前速度运行。

> **注意** 可以设定 Velocity 数值为 0.0，触发指令后轴会以组态的减速度停止运行，相当于执行 MC_Halt 指令。

（7）通过运动控制指令 MC_MoveJog 在点动模式下以指定的速度连续移动轴，如图 13-20 所示。

正向点动和反向点动不能同时触发。

（8）通过运动控制指令 MC_WriteParam 可以在用户程序中写入定位轴工艺对象的变量。与用户程序中变量的赋值不同的是，还可以更改只读变量的值。MC_WriteParam 指令如图 13-21 所示。

（9）通过运动控制指令 MC_ReadParam 可以读取轴的运动数据和状态消息，如图 13-22 所示。

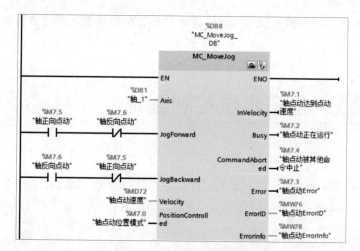

图 13-20　MC_Movejog 指令

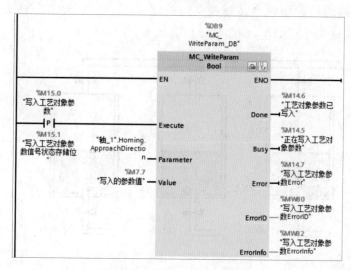

图 13-21　MC_WriteParam 指令

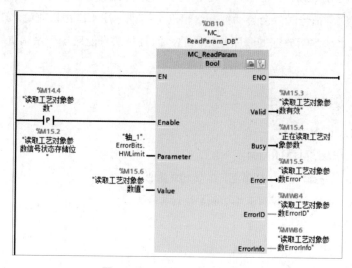

图 13-22　MC_ReadParam 指令

可以读取到轴的实际位置、轴的实际速度、当前的跟随误差、驱动器状态、编码器状态、状态位、错误位。

13.2 案例 2：水箱水位控制系统

1 功能描述

本节的控制项目为水箱水位控制系统，项目中有 3 个水箱，每个水箱都有一个液位传感器（0~10V 信号），检测液位的量程为 0~3m，设定液位为 0.3m 时为低液位，液位为 2.6m 时为高液位。

每个水箱有一个进水阀和一个出水阀，进水阀分别是 Y1、Y3、Y5，出水阀分别是 Y2、Y4、Y6，每个放水阀门都由两个按钮控制，按钮 SB1、SB3、SB5 控制打开出水阀，按钮 SB2、SB4、SB6 控制关闭出水阀，如图 13-23 所示。

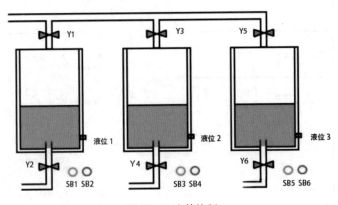

图 13-23 水箱控制

我们通过按钮 SB1、SB3、SB5 可以分别对各个水箱进行放水操作，顺序是随机的，当系统检测到水箱的"空"信号时，会自动打开水箱进水阀进行注水；当检测到水箱"满"信号时，停止进水。水箱注水和水箱放空的顺序是相同的，而且每次只能对一个水箱进行注水操作。

2 设备组成

水箱水位控制系统的设备有：

- CPU 1214C DC/DC/RLY，一台。
- 模拟量输入模块 SM1231 AI04，一台。
- 液位传感器，一台，24VDC 供电，0 ~ 10V 输出。
- 水泵控制器，一台，用模拟量 4~20mA 控制其转速。
- 储水罐及管路，一套。

3 使用博途 V15.1 软件创建工程

步骤 **01**　创建新项目。

（1）打开编程软件，在 Portal 视图中，单击"创建新项目"选项，在弹出的窗口中输入项目名称"PID
液位控制"，然后单击"创建"按钮，如图 13-24 所示。

图 13-24　创建新项目

（2）在新窗口中单击"组态设备"→"添加新设备"选项，弹出"添加新设备"对话框，选择
CPU 的订货号和版本，然后单击"添加"按钮。

步骤 **02**　配置硬件。

将对应的 CPU 和模拟量模块拖到窗口中，如图 13-25 所示。

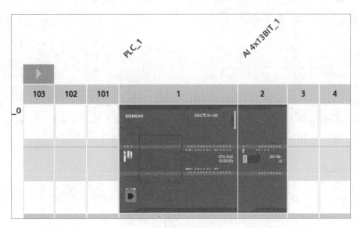

图 13-25　添加硬件

模拟量模块需要配置参数，因为液位传感器的输出信号为电压信号，于是按照图 13-26 所
示设置模块的参数，测量类型为"电压"，电压范围是"+/-10V"，滤波是"弱（4 个周期）"
通道地址采用默认地址 IW96。

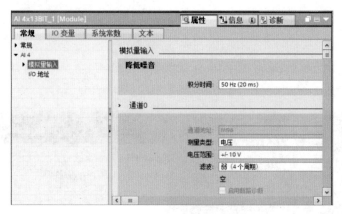

图 13-26 模拟量模块属性设置

编辑程序

3 个水箱的液位控制程序基本相同，为了减少编程的工作量，我们采用多次调用函数块的方式来实现。计算液位值时需要进行模拟量转换，将采集到的模拟量信号通过计算转换成实际的液位值，并将液位值与低液位和高液位做比较，从而输出是否达到低液位或高液位信号。具体操作是添加一个 FC 块，并将它命名为"模拟量处理"，设置好变量并编写 FC 程序。

（1）变量定义，如图 13-27 所示。

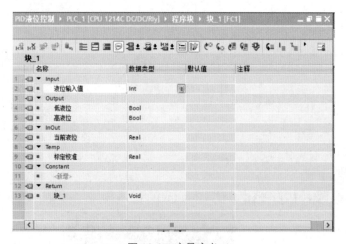

图 13-27 变量定义

（2）模拟量转换程序，如图 13-28 和图 13-29 所示。

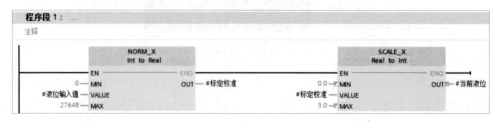

图 13-28 程序段 1

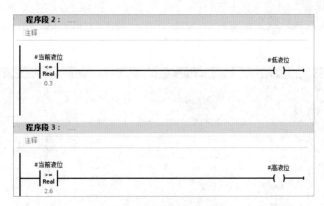

图 13-29　程序段 2、3

5 建立一个 PLC 数据类型、添加一个全局 DB 块

在"PLC 数据类型"中添加一个新的数据类型，并把它命名为"液位"，在其中建立后面需要用到的变量，包括当前水位、低水位和高水位，并为这 3 个变量设置相应的数据类型，如图 13-30 所示。

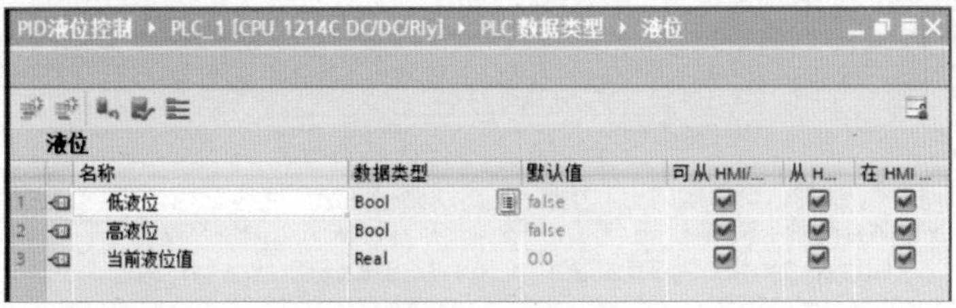

图 13-30　添加新数据类型

此外，再新建一个全局 DB 块，把它命名为"数据块_1"，可以在里面建立一个名称为"模拟量"的变量名称，数据类型设置成数组 Array[0..2]of"液位"，然后就会自动生成所需的变量，如图 13-31 所示。

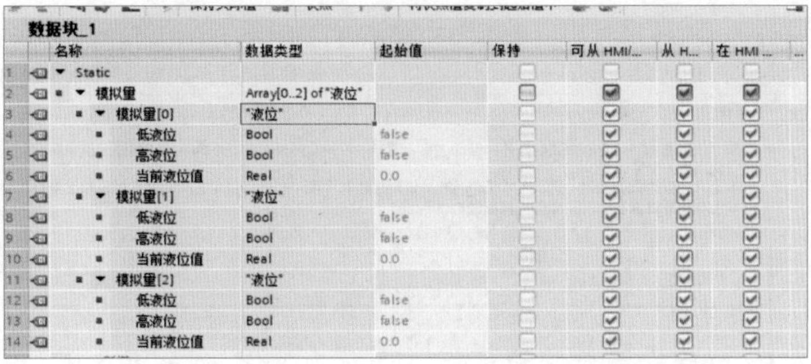

图 13-31　创建数据块并添加变量

6 编写水箱放水和进水控制程序

因为有 3 个水箱，水箱的注水和放水的过程是一样的，所以可以把水箱的注水和放水过程的程序编写成一个带形式参数的 FB 块，方便重复调用。具体操作是添加一个 FB 块，在 FB

的接口区建立相应的形式参数变量，如图 13-32 所示，然后再编写 FB 中的控制程序，如图 13-33 ～图 13-35 所示。

图 13-32 在 FB 中创建形参变量

图 13-33 FB 程序段 1

图 13-34 FB 程序段 2

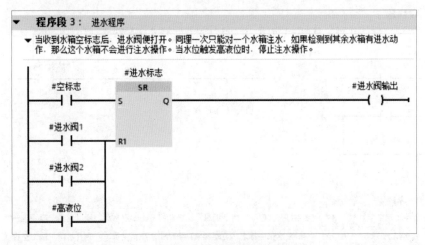

图 13-35 FB 程序段 3

7 调用模拟量处理 FC 块和水箱控制 FB 块程序

添加一个 FB 块，我们在这个 FB 块中调用模拟量处理 FC 块，模拟量处理 FC 块的作用是对每个水箱的液位传感器的数据进行处理。此外还要调用水箱控制 FB 块程序，需要注意的是，调用 FB 块在分配背景数据块时，要选择多重实例背景。调用之后编写每个水箱的放水和进水的程序。

（1）输入和输出变量定义，如图 13-36 所示。

PID液位控制 ▸ PLC_1 [CPU 1214C DC/DC/Rly] ▸ PLC 变量

变量　用户常量　系统常量

PLC 变量

	名称	变量表	数据类型	地址 ▲	保持
1	SB1	默认变量表	Bool	%I0.0	
2	SB2	默认变量表	Bool	%I0.1	
3	SB3	默认变量表	Bool	%I0.2	
4	SB4	默认变量表	Bool	%I0.3	
5	SB5	默认变量表	Bool	%I0.4	
6	SB6	默认变量表	Bool	%I0.5	
7	1#水箱模拟量	默认变量表	Int	%IW96	
8	2#水箱模拟量	默认变量表	Int	%IW98	
9	3#水箱模拟量	默认变量表	Int	%IW100	
10	1#水箱进水阀	默认变量表	Bool	%Q0.0	
11	1#水箱放水阀	默认变量表	Bool	%Q0.1	
12	2#水箱进水阀	默认变量表	Bool	%Q0.2	
13	2#水箱放水阀	默认变量表	Bool	%Q0.3	
14	3#水箱进水阀	默认变量表	Bool	%Q0.4	
15	3#水箱放水阀	默认变量表	Bool	%Q0.5	
16	1#水箱空标志	默认变量表	Bool	%Q0.6	
17	2#水箱空标志	默认变量表	Bool	%Q0.7	
18	3#水箱空标志	默认变量表	Bool	%Q1.0	
19	<新增>				

图 13-36 PLC 变量定义

（2）FB1 的程序如图 13-37 所示。

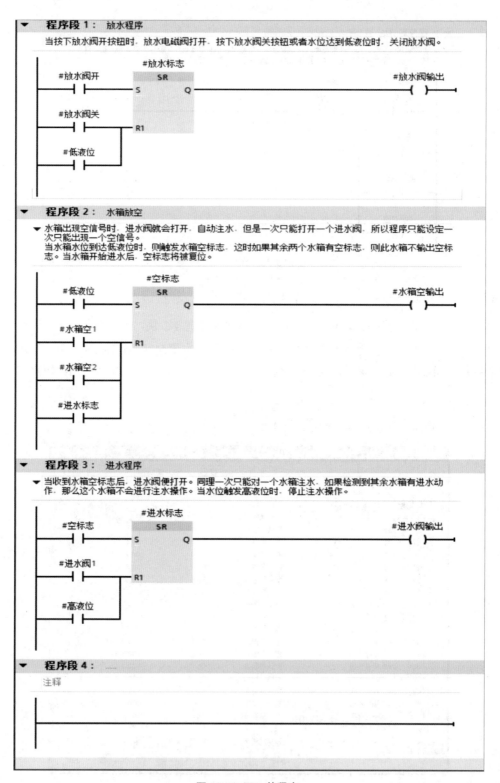

图 13-37 FB1 的程序

（3）FB2 的程序如图 13-38 和图 13-39 所示。

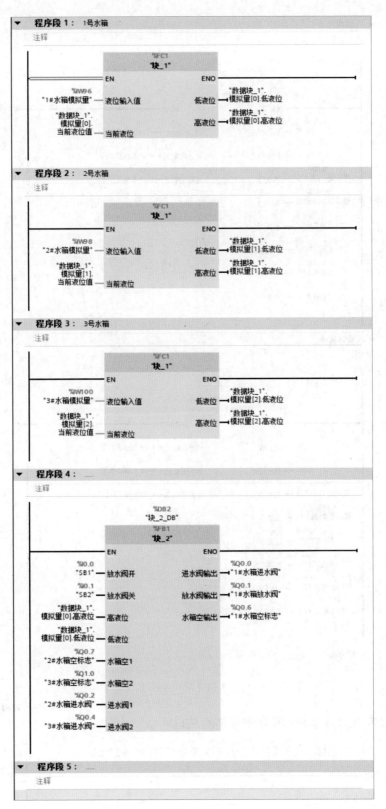

图 13-38 FB2 的程序段 1、2、3、4

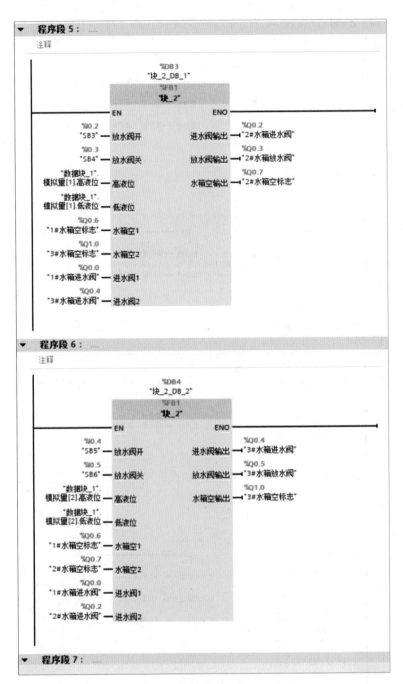

图 13-39 FB2 的程序段 5、6

8 在主程序 OB1 中调用水位控制程序的 FB 块

在主程序 OB1 中调用水位控制程序的 FB 块，如图 13-40 所示。
至此一个完整的控制程序就建立完成了。

图 13-40 主程序 OB1

13.3　案例 3：电梯控制系统

1　功能描述

某居民楼是一梯两户的结构，最高层为四层。控制器采用西门子 S7-1200 PLC。

1）电梯功能介绍

电梯设计一到四层，电梯内部有 1、2、3、4、开门、关门 6 个按钮。从第二层开始，每一层设置向上、向下呼叫按钮。

2）控制要求

（1）开始时，电梯处于任意一层。

（2）当外部发出呼叫电梯信号时，轿厢响应呼叫信号，到达该楼层时，轿厢停止运行，轿厢门打开，延时 3s 后自动关门。

（3）当内部发出呼叫信号时，轿厢响应该信号，到达该楼层时，轿厢停止运行，轿厢门打开，延时 3s 后自动关门。

（4）在电梯运行过程中，即轿厢上升或下降过程中，任何反向信号均不起作用。但如果反向外呼信号前没有其他信号，那么电梯响应该外呼信号。例如，电梯在第一层，将运行到第四层，在运行过程中可以响应第二层向上的外呼信号，但不响应第二层向下的外呼信号。当到达第二层时，如果第三层没有任何呼叫信号，则电梯继续运行至第四层，然后向下运行响应第二层向下的外呼信号。

（5）电梯具有最远反向外呼功能，例如，电梯轿厢在第二层，而第三层和第四层同时向下呼梯，则电梯先到达第四层，然后才开始下降。

（6）电梯在上升或下降过程中，开门和关门按钮均不起作用。到达平层后开门和关门按钮起作用。

（7）电梯必须在关门后才能运行，利用指示灯显示轿厢外呼信号、厢内指令信号和电梯到达等。例如，电梯在第一层，将运行到第四层，在此过程中，第二层有向上和向下的外呼信号，到达第二层后，向上的信号灯灭，向下的信号灯保持亮着。

2　变量表

电梯控制系统的变量表如表 13-1 所示。

表13-1　电梯控制系统的变量表

序　号	地　址	功能描述
1	I0.0	1楼内选按钮
2	I0.1	2楼内选按钮

（续表）

序　号	地　址	功能描述
3	I0.2	3楼内选按钮
4	I0.3	4楼内选按钮
5	I0.4	开门按钮
6	I0.5	关门按钮
7	I0.6	1楼外呼上升按钮
8	I0.7	2楼外呼下降按钮
9	I1.0	2楼外呼上升按钮
10	I1.1	3楼外呼下降按钮
11	I1.2	3楼外呼上升按钮
12	I1.3	4楼外呼下降按钮
13	I1.4	下限位信号
14	I1.5	1楼平层信号
15	I1.6	2楼平层信号
16	I1.7	3楼平层信号
17	I2.0	4楼平层信号
18	I2.1	上限位信号
19	I2.2	轿厢开门限位信号
20	I2.3	轿厢关门限位信号
21	Q0.0	1楼向上外呼指示灯
22	Q0.1	2楼向下外呼指示灯
23	Q0.2	2楼向上外呼指示灯
24	Q0.3	3楼向下外呼指示灯
25	Q0.4	3楼向上外呼指示灯
26	Q0.5	4楼向下外呼指示灯
27	Q0.6	轿厢上行控制
28	Q0.7	轿厢下行控制
29	Q1.0	1楼内选指示灯
30	Q1.1	2楼内选指示灯
31	Q1.2	3楼内选指示灯
32	Q1.3	4楼内选指示灯
33	Q1.4	轿厢开门控制
34	Q1.5	轿厢关门控制3. 控制程序

3 控制程序

程序段 1：厢内 1 楼指示灯控制，如图 13-41 所示。

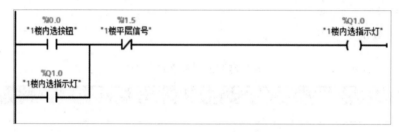

图 13-41 程序段 1

程序段 2：厢内 2 楼指示灯控制，如图 13-42 所示。

图 13-42 程序段 2

程序段 3：厢内 3 楼指示灯控制，如图 13-43 所示。

图 13-43 程序段 3

程序段 4：厢内 4 楼指示灯控制，如图 13-44 所示。

图 13-44 程序段 4

程序段 5：厢外 1 楼指示灯控制，如图 13-45 所示。

图 13-45 程序段 5

程序段 6：厢外 2 楼下指示灯控制，如图 13-46 所示。

图 13-46 程序段 6

程序段 7：厢外 2 楼上指示灯控制，如图 13-47 所示。

图 13-47 程序段 7

程序段 8：厢外 3 楼下指示灯控制，如图 13-48 所示。

图 13-48 程序段 8

程序段 9：厢外 3 楼上指示灯控制，如图 13-49 所示。

图 13-49 程序段 9

程序段 10：厢外 4 楼下指示灯控制，如图 13-50 所示。

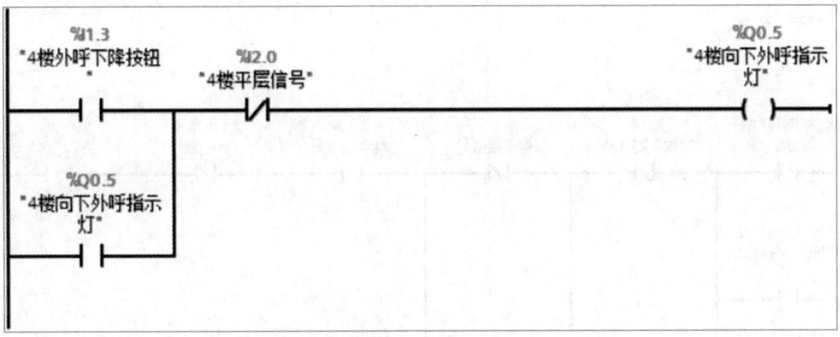

图 13-50　程序段 10

程序段 11：定向程序——上行，如图 13-51 所示。

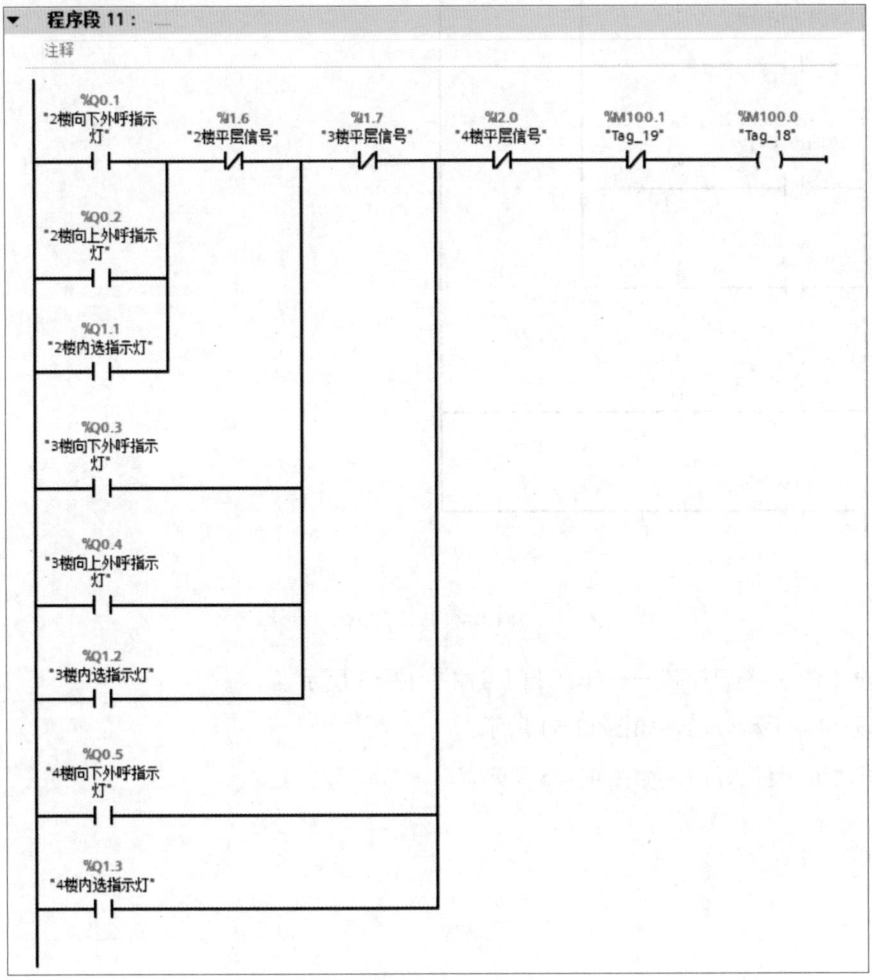

图 13-51　程序段 11

程序段 12：定向程序——下行，如图 13-52 所示。

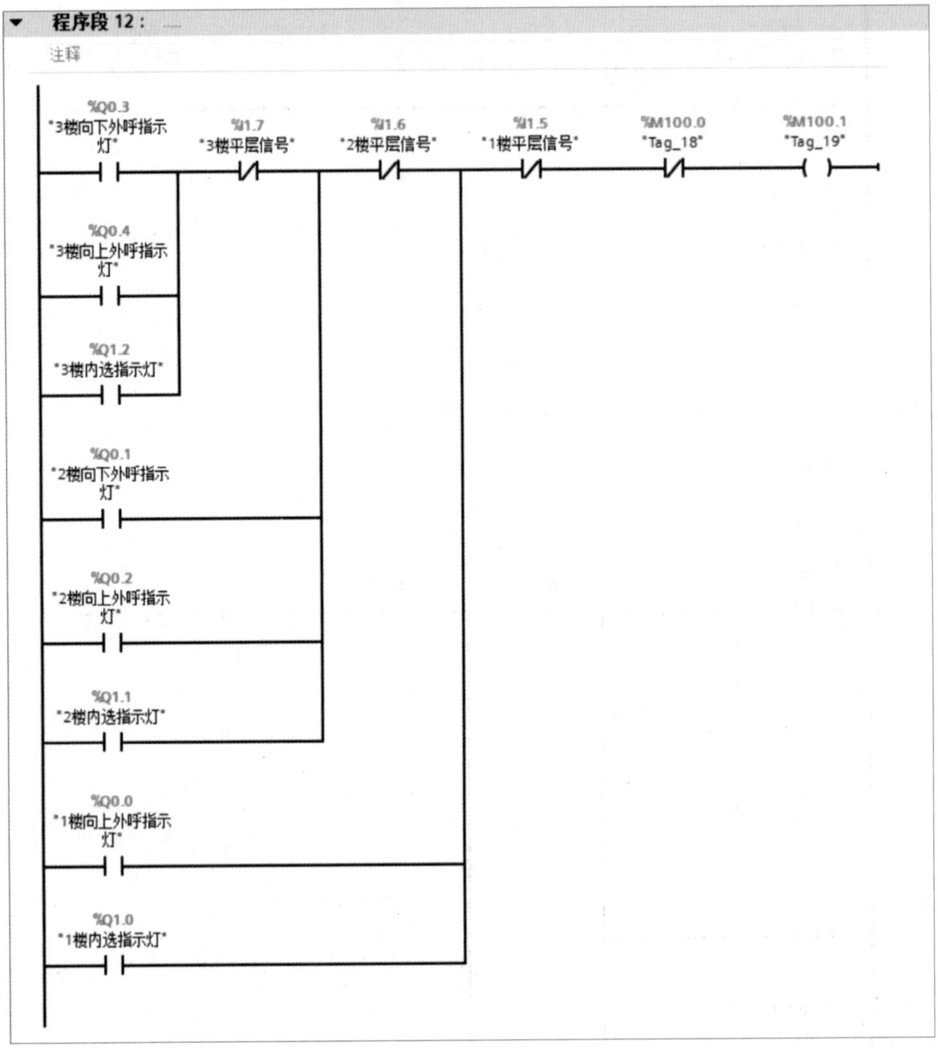

图 13-52 程序段 12

程序段 13：开关门控制——自动开门，如图 13-53 所示。

程序段 14：手动开门，如图 13-54 所示。

程序段 15：复位开门，如图 13-55 所示。

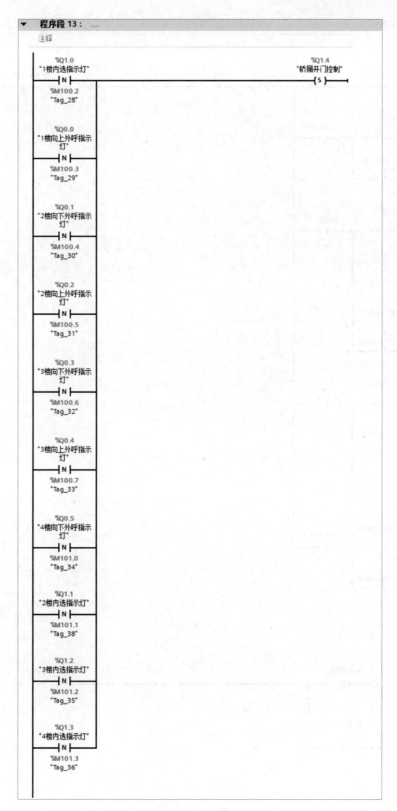

图 13-53　程序段 13

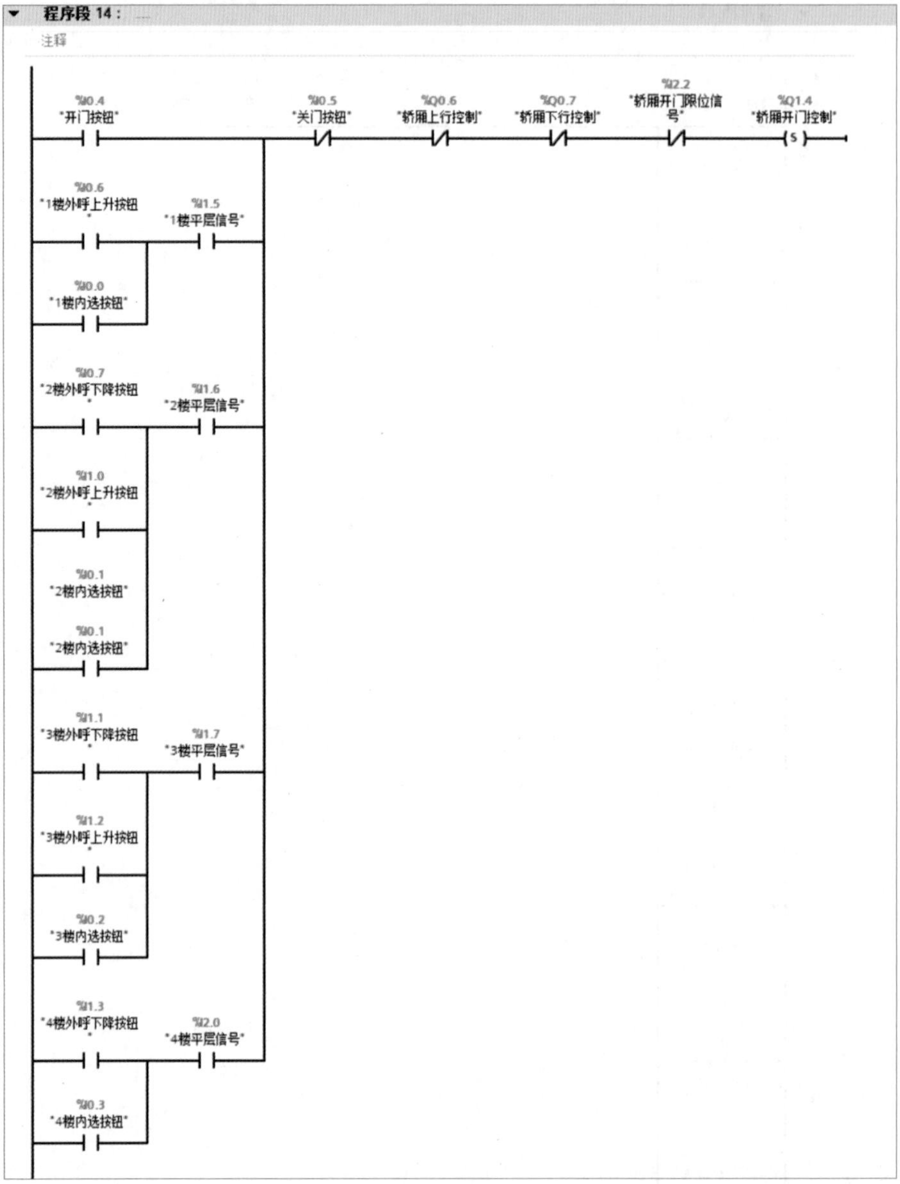

图 13-54 程序段 14

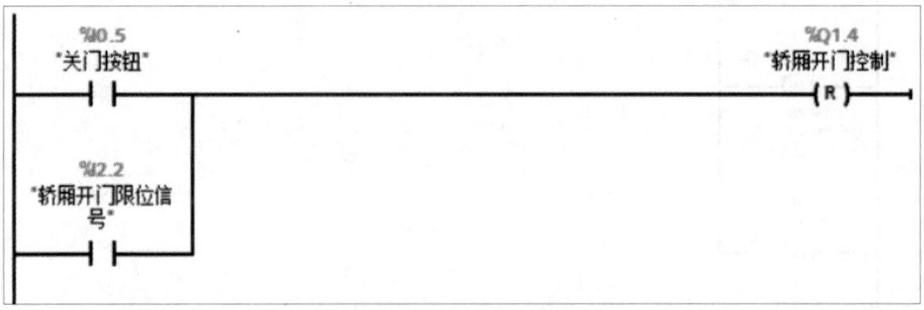

图 13-55 程序段 15

程序段 16：开关门控制——关门，如图 13-56 所示。

图 13-56　程序段 16

程序段 17：复位关门，如图 13-57 所示。

图 13-57　程序段 17

程序段 18：电梯运行 —— 上行，如图 13-58 所示。

图 13-58　程序段 18

程序段 19：电梯运行 —— 下行，如图 13-59 所示。

图 13-59　程序段 19

13.4　案例 4：伺服电机控制系统

1　硬件环境

伺服电机控制系统的硬件环境如下：

- CPU 1215FC DC/DC/DC。
- V90 PN 控制器。
- 1FL6 电机。

> **注意** 要使用 V90 的 EPOS 功能，需要在博途 V15 中安装 SINAMICS V90 PROFINET GSD 文件，下载链接为 https://support.industry.siemens.com/cs/us/en/view/109737269。

2 实现功能

S7-1200 通过 PROFINET 通信连接西门子 V90 伺服控制器，将 V90 控制器的控制模式设置为"基本位置控制"模式，实现伺服电机的运动位置控制。

控制要求：单击"回原点"按钮后，工作台回到原点位置；单击"启动"按钮后，工作台以 20mm/s 的速度从原点开始运行，一直到离原点 300mm 处停止运行；在运行过程中，单击"停止"按钮，轴停止运行，再次单击"启动"按钮，工作台继续运行。工作台设备布局图如图 13-60 所示。

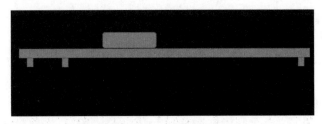

图 13-60 工作台设备布局图

FB284 函数块管脚注释如表 13-2 所示。

表13-2 FB284函数块管脚注释

管　脚	数据类型	默 认 值	描　述
输入侧			
ModePos	INT	0	运行模式： • 1：相对定位。 • 2：绝对定位。 • 3：连续位置运行。 • 4：回零操作。 • 5：设置回零位置。 • 6：运行位置块0~63。 • 7：点动jog。 • 8：点动增量
EnableAxis	BOOL	0	运行命令： • 0：OFF。 • 1：ON
CancelTransing	BOOL	1	• 0：拒绝激活运行任务。 • 1：不拒绝
IntermediateStop	BOOL	1	立即停止： • 0：中断激活的运行命令。 • 1：不立即停止

管　脚	数据类型	默 认 值	描　述
Positive	BOOL	0	正方向
Negative	BOOL	0	负方向
Jog1	BOOL	0	正向点动
Jog2	BOOL	0	负向点动
FlyRef	BOOL	0	• 0：不选择运行中回零。 • 1：选择运行中回零
AckError	BOOL	0	故障复位
ExecuteMode	BOOL	0	激活定位工作或接收设定点
Position	DINT	0	对于运行模式，直接设定位置值或运行的块号
Velocity	DINT	0	MDI运行模式时的速度设置
OverV	INT	100(%)	所有运行模式下的速度倍率，0~199%
OverAcc	INT	100(%)	直接设定值/MDI模式下的加速度倍率，0~100%
OverDec	INT	100(%)	直接设定值/MDI模式下的减速度倍率，0~100%
ConfigEPOS	WORD	0	可以通过此管脚传输111报文的STW1、STW2、EPosSTW1、EPosSTW2中的位
LADDRSP	HW_IO	0	符号名或SIMATIC S7-1200设定值槽的HW ID（SetPoint）
LADDRAV	HW_IO	0	符号名或SIMATIC S7-1200设定值槽的HW ID（Actual Value）
输出			
Error	BOOL	0	1：错误出现
ErrorID	INT	0	运行模式错误/块错误： • 0：无错误。 • 1：通信激活。 • 2：选择了不正确的运行模式。 • 3：设置的参数不正确。 • 4：无效的运行块号。 • 5：驱动故障激活。 • 6：激活了开关禁止。 • 7：运行中回零不能开始
Busy	BOOL	0	运行模式被执行或使能
Done	BOOL	0	运行模式使能无错误
AxisEnabled	BOOL	0	驱动已使能
AxisErr	BOOL	0	驱动故障
AxisWarn	BOOL	0	驱动报警
AxisPosOK	BOOL	0	到达轴的目标位置
AxisRef	BOOL	0	回零位置设置
VeloAct	DINT	0	当前速度（LU/min）
PosAct	DINT	0	当前位置
ActMode	INT	0	当前激活的运行模式
EposZSW1	WORD	0	EPOS ZSW1的状态
EposZSW2	WORD	0	EPOS ZSW2的状态

（续表）

管　脚	数据类型	默认值	描　述
WarnAct	WORD	0	当前的报警代码
FaultAct	WORD	0	当前的故障代码
DiagID	WORD	0	扩展的通信故障

3 创建项目

步骤 01　创建新项目。

（1）打开编程软件，在 Portal 视图中，单击"创建新项目"选项，在弹出的窗口中输入项目名称、路径和作者等，然后单击"创建"按钮，如图 13-61 所示。

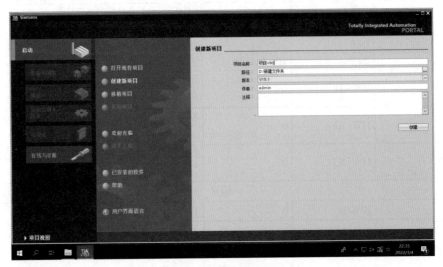

图 13-61　创建新项目

（2）在新窗口中单击"组态设备"→"添加新设备"选项，弹出"添加新设备"对话框，在该对话框中选择 CPU 的订货号和版本，然后单击"添加"按钮，如图 13-62 所示。

图 13-62　添加新设备

步骤 02 安装 V90 驱动文件。

（1）在工具栏中选择"选项"→"管理通用站描述文件（GSD）"选项，如图 13-63 所示。

图 13-63　管理 GSD 文件

（2）在"管道通用站描述文件"对话框中选择 GSD 文件"GSDML-V2.32-Simemens-Sinamics"，单击"安装"按钮，如图 13-64 所示。

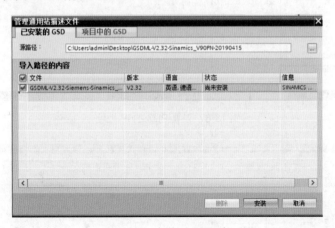

图 13-64　安装 GSD 文件

步骤 03 在网络中添加 V90 PN 设备（见图 13-65）并建立与 PLC 的网络连接（见图 13-66）。

步骤 04 分别设置 PLC 和 V90 的 IP 地址以及 Devices name，如图 13-67 ～图 13-69 所示。

步骤 05 下载硬件组态到设备，如图 13-70 所示。

图 13-65　添加设备

图 13-66 建立网络连接

图 13-67 设置 PLC 的 IP 地址

图 13-68 设置 V90 的 IP 地址

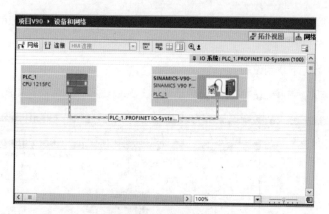

图 13-69　建立网络连接

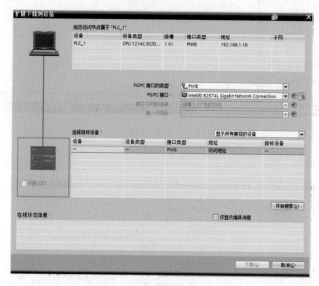

图 13-70　下载硬件组态到设备

步骤 06　在 V90 的设备视图中插入西门子报文 111，如图 13-71 所示。

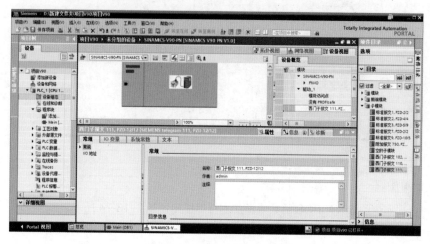

图 13-71　插入报文 111

双击 V90，弹出"设备视图"，将硬件目录中的"西门子报文 111"拖曳到"设备概览"中，如图 13-71 所示。

步骤 07 将伺服硬件组态下载到设备。

（1）右击连接电缆，在弹出的快捷菜单中选择"分配设备名称"选项，如图 13-72 所示。

图 13-72 分配设备名称

（2）下载硬件组态到 V90，如图 13-73 所示。

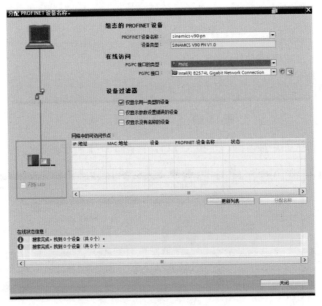

图 13-73 下载硬件组态到 V90

步骤 08 开始编程。

（1）将全局库中的 SINA_POS 函数块添加到程序段中，如图 13-74 所示。

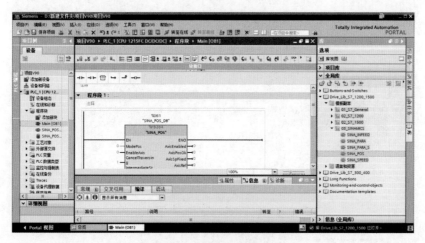

图 13-74　添加指令 SINA_POS

> 注意　如果指令库中没有该函数块，则需要先添加全局库。
> 库文件下载地址为 https://support.industry.siemens.com/cs/document/109475044/sinamics-communication-blocks-drivelib-for-activation-intia-portal?dti=0&lc=en-US，库文件如图 13-75 所示。
>
>
>
> 图 13-75　库文件下载

（2）编辑函数块，添加变量，如图 13-76 所示。

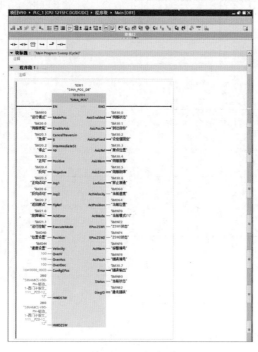

图 13-76　添加变量

（3）添加控制程序如图 13-77 和图 13-78 所示。

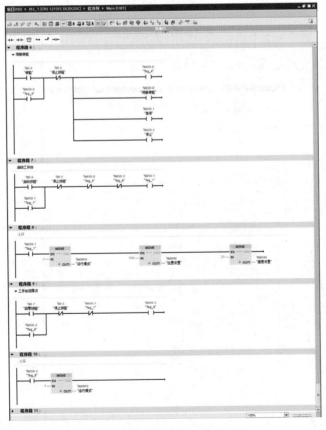

图 13-77 程序段 2、3、4、5

图 13-78 程序段 6、7、8、9、10

说明：

（1）伺服使能：置位伺服使能 M20.0，置位急停 M20.1，置位停止 M20.2，伺服状态 M30.0 输出为 1。

（2）伺服运行：设定伺服运行模式 MW10 为 2，运行速度 MD44 为 20，位置 MD40 为 300，启动后，工作台以 20mm/s 的速度运行到 300mm 处停止。

（3）回零运行：将轴的运行模式 MW10 改为 4，当前模式 MW70 输出为 4，启动后，轴执行回原点动作。

步骤 ⑨　配置 V90 PN。

打开伺服控制器配置软件 V-Assistant，设置伺服控制模式为"基本位置控制"，如图 13-79 所示。

图 13-79　配置 V90

步骤 ⑩　将通信报文设置为"西门子标准报文 111"。

13.5　案例 5：物料分拣控制系统

本系统由 1 台送料气缸、3 台分拣气缸、1 台机械手升降气缸、1 台机械手闭合气缸、1 台机械手移动电机、1 台输送带电机和 1 个变频器等组成。

1 系统控制要求

（1）按下"启动"按钮后，系统开始运行，启动指示灯亮起。

（2）按下"停止"按钮后，系统停止运行，停止指示灯亮起。

（3）按下"急停"按钮后，系统全部停止。

2 系统动作流程

（1）按下"启动"按钮后，送料气缸到达缩回的位置时，该电磁阀得电，将舱内的元件推出；当气缸到达完全伸出的位置时，该电磁阀失电，送料动作完成。

（2）送料动作完成后，皮带通过变频器启动。

（3）通过安装在皮带上的各种检测传感器将元件区分开来。

（4）黑色元件到达 3# 槽时，其对应的 3# 槽气缸将它推出。

（5）红色元件到达 2# 槽时，其对应的 2# 槽气缸将它推出。

（6）白色元件到达 1# 槽时，其对应的 1# 槽气缸将它推出。

（7）金属元件到达皮带到位开关时，机械手立即上升，当上升到机械手的上限位时，开始右移；当右移到右限位时，机械手下降；当下降到下线位时，机械手夹住金属元件，然后上升；当上升到上限位时，机械手左移；当左移到左限位时，机械手下降；当下降到下限位时，放开元件；放开元件后，机械手上升；当上升到上限位时，机械手右移；当右移到右限位时，完成金属元件的放置。

（8）每当放好一个元件后，送料气缸动作，推出下一个元件，系统循环动作。

3 创建输入和输出变量表

输入和输出变量表，如表 13-3 所示。

表13-3 输入和输出变量表

序 号	地 址	功能描述
1	I0.0	急停按钮
2	I0.1	启动按钮
3	I0.2	停止按钮
4	I0.4	送料气缸缩回到位
5	I0.5	送料气缸伸出到位
6	I0.6	材质识别
7	I1.0	分拣槽3检测传感器
8	I1.1	分拣槽2检测传感器
9	I1.2	分拣槽1检测传感器
10	I1.3	皮带到位
11	I1.4	机械手左限位
12	I1.5	机械手右限位
13	I1.6	机械手上限位
14	I1.7	机械手下限位
15	Q0.0	启动指示灯
16	Q0.1	停止指示灯
17	Q0.2	送料气缸
18	Q0.3	分拣槽3推料气缸
19	Q0.4	分拣槽2推料气缸
20	Q0.5	分拣槽1推料气缸
21	Q0.6	机械手升降气缸
22	Q0.7	机械手夹料气缸
23	Q1.0	机械手左移启动
24	Q1.1	机械手右移气缸
25	Q1.2	皮带电机启动

4 开始编程

程序段 1：按下"急停"按钮，复位全部的中间继电器，如图 13-80 所示。

图 13-80　程序段 1

程序段 2：按下"停止"按钮，停机继电器动作并保持，按下"启动"按钮后复位，如图 13-81 所示。

图 13-81　程序段 2

程序段 3：按下"启动"按钮，送料系统开始运行，如图 13-82 所示。

图 13-82　程序段 3

程序段 4：送料气缸在缩回位置时，将元件推出，电机继续运转，如图 13-83 所示。

图 13-83 程序段 4

程序段 5：送料气缸伸出到位时，停止送料气缸，而皮带电机继续运行，如图 13-84 所示。

图 13-84 程序段 5

程序段 6：当金属元件到达皮带指定位置时，机械手电机反转，如图 13-85 所示。

图 13-85 程序段 6

程序段 7：机械手电机反转到达右限位时，机械手下降，如图 13-86 所示。

图 13-86 程序段 7

程序段 8：下降机械手并夹住元件，如图 13-87 所示。

图 13-87　程序段 8

程序段 9：机械手夹住元件并上升，如图 13-88 所示。

图 13-88　程序段 9

程序段 10：到达上限位时，机械手左移，如图 13-89 所示。

图 13-89　程序段 10

程序段 11：达到左限位时，机械手下降，如图 13-90 所示。

图 13-90　程序段 11

程序段 12：机械手放开元件，如图 13-91 所示。

图 13-91 程序段 12

程序段 13：机械手上升并左移，如图 13-92 所示。

图 13-92 程序段 13

程序段 14：黑色元件触发 3# 槽气缸，如图 13-93 所示。

图 13-93 程序段 14

程序段 15：红色元件触发 2# 槽气缸，如图 13-94 所示。

图 13-94 程序段 15

程序段 16：白色元件触发 1# 槽气缸，如图 13-95 所示。

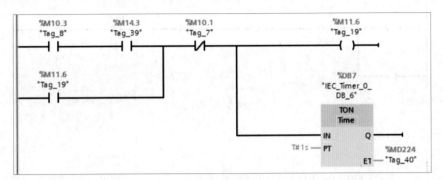

图 13-95　程序段 16

程序段 17：识别金属元件，如图 13-96 所示。

图 13-96　程序段 17

程序段 18：识别黑色元件，如图 13-97 所示。

图 13-97　程序段 18

程序段 19：识别红色元件，如图 13-98 所示。

图 13-98　程序段 19

程序段 20：识别白色元件，如图 13-99 所示。

图 13-99 程序段 20

程序段 21：启动指示灯，如图 13-100 所示。

图 13-100 程序段 21

程序段 22：停止指示灯，如图 13-101 所示。

图 13-101 程序段 22

程序段 23：送料气缸动作，如图 13-102 所示。

图 13-102 程序段 23

程序段 24：3# 分拣槽的气缸动作，如图 13-103 所示。

图 13-103 程序段 24

程序段 25：2# 分拣槽的气缸动作，如图 13-104 所示。

图 13-104 程序段 25

程序段 26：1# 分拣槽的气缸动作，如图 13-105 所示。

图 13-105 程序段 26

程序段 27：升降气缸动作，如图 13-106 所示。

图 13-106 程序段 27

程序段 28：夹料气缸动作，如图 13-107 所示。

图 13-107 程序段 28

程序段 29：机械手电机启动，如图 13-108 所示。

图 13-108 程序段 29

程序段 30：机械手电机反转，如图 13-109 所示。

图 13-109 程序段 30

程序段 31：启动皮带电机，如图 13-110 所示。

图 13-110 程序段 31

参 考 文 献

[1] 西门子（中国）有限公司. SIMATICY S7-1200 可编程控制器 PLC 产品样本. 2022

[2] 西门子（中国）有限公司. SIMATICY S7-1200 可编程控制器用户手册. 2019

[3] 西门子（中国）有限公司. SIMATICY S7-1200 可编程控制器系统手册. 2018

[4] 西门子（中国）有限公司. SIMATIC STEP 7 Basic/Professional V15.1 和 SIMATIC WinCC V15.1 系统手册. 2018

[5] 西门子（中国）有限公司. SIMATICY S7-1200 入门手册. 2015